高等学校教材·航空、航天与航海科学技术

可靠性工程基础

（第 2 版）

宋述芳　吕震宙　喻天翔　王　攀　王燕萍　编著

西北工业大学出版社

西　安

【内容简介】 本书是在《可靠性工程基础》（第 1 版）的基础上以新形态教材的形式修订而成的。全书系统地介绍了可靠性工程所涵盖的内容，对电子产品、软件系统、结构系统的可靠性问题进行了阐述，并着重介绍了工程中的故障分析技术、结构可靠性分析方法、可靠性设计、可靠性管理、可靠性试验以及可靠性数据统计分析等内容。

本书既可作为高等学校本科生相关课程的教材使用，也可供可靠性分析与设计领域的工程技术人员阅读参考。

图书在版编目（CIP）数据

可靠性工程基础 / 宋述芳等编著. -- 2 版. -- 西安 ：西北工业大学出版社，2024.8. --（高等学校教材）.

ISBN 978 - 7 - 5612 - 9476 - 5

Ⅰ. TB114.39

中国国家版本馆 CIP 数据核字第 2024JT8617 号

KEKAOXING GONGCHENG JICHU

可 靠 性 工 程 基 础

宋述芳　吕震宙　喻天翔　王攀　王燕萍　编著

责任编辑：朱辰浩		策划编辑：何格夫	
责任校对：孙　倩		装帧设计：高永斌　李　飞	
出版发行：西北工业大学出版社			
通信地址：西安市友谊西路 127 号		邮编：710072	
电　　话：(029)88491757，88493844			
网　　址：www.nwpup.com			
印　刷　者：西安浩轩印务有限公司			
开　　本：787 mm×1 092 mm		1/16	
印　　张：12.5			
字　　数：320 千字			
版　　次：2018 年 8 月第 1 版　2024 年 8 月第 2 版　2024 年 8 月第 1 次印刷			
书　　号：ISBN 978 - 7 - 5612 - 9476 - 5			
定　　价：70.00 元			

第 2 版前言

可靠性工程是一门新兴的边缘学科,涉及基础科学、技术科学和管理科学等众多学科。可靠性工程是在第二次世界大战后,随着航空、航天及电子工业的快速发展而兴起的,现已广泛应用于化工、机械等领域,为社会和企业带来了巨大的经济效益。

本书具有以下几个特点:

(1)内容安排合理,层次清晰,系统性强,理论体系完整。本书注重内容的新颖性,反映可靠性工程的最新研究状况及发展趋势。

(2)注重文字的简洁性,每部分内容的讲解短小精悍,简明扼要;注重语言的精简性,内容叙述循序渐进,深入浅出,通俗易懂。

(3)注重工程应用性,基于当前时代特点和科技发展的态势,密切结合国防现代化和武器装备现代化的需要,对国防科技和武器装备发展具有较大推动作用。

(4)结合现代信息技术手段,增加视频、动画等多媒体资源,结合本书内容的新形态形式,多种感官参与学习,有助于提高学习效果。

本书在《可靠性工程基础》(第 1 版)的基础上,增加了可靠性试验与数据统计、可靠性管理等内容,添加了课程讲解视频的二维码。本书共 8 章:第 1 章对可靠性工程中的概念进行系统说明;第 2~4 章详细介绍电子产品的可靠性分析与设计、软件可靠性工程和工程中常用的故障分析技术;第 5 章介绍结构可靠性的基本理论、求解方法与设计思路;第 6 章介绍可靠性试验及可靠性数据的统计分析;第 7 章概述可靠性管理;第 8 章针对航空工程中的可靠性问题进行案例分析;附录 A 和附录 B 回顾概率论及数理统计的知识点。

本书中的视频由宋述芳、吕震宙、喻天翔、王攀共同录制而成。本书的撰写分工如下:第1~3、7 章,第 4.1~4.3 节,第 6.3 节由宋述芳撰写;第 4.4~4.6 节由王攀撰写;第 5.1~5.4 节由吕震宙撰写;第 6.1~6.2 节及附录由王燕萍撰写;第 8 章、第 5.5 节由喻天翔撰写;最后由宋述芳统稿并定稿。

在本书的整理过程中,薛红军老师、崔卫民老师给予了许多具体的指导意见,研究生王家辉、白志伟也做了很多整理及校稿工作。在本书的撰写过程中,笔者参阅了很多相关资料,在此向其作者一并表示感谢!

由于笔者的阅历和水平有限,书中疏漏和不妥之处在所难免,敬请同行和读者多多批评和指正。

宋述芳

2024 年 5 月

第1版前言

可靠性工程是一门新兴的边缘学科,涉及基础科学、技术科学和管理科学等众多学科。可靠性工程是在第二次世界大战后,随着航空、航天及电子工业的快速发展而兴起的,现已广泛应用于化工、机械等领域,为社会和企业带来了巨大的经济效益。

本书具有以下几个特点:

(1)内容安排合理,层次清晰,系统性强,理论体系完整。本书注重内容的新颖性,反映可靠性工程的最新研究状况及发展趋势。

(2)注重文字的简洁性,每部分内容的讲解短小精悍,简明扼要;注重语言的精简性,内容叙述循序渐进,深入浅出,通俗易懂。

(3)注重工程应用性,基于当前时代特点和科技发展的态势,密切结合国防现代化和武器装备现代化的需要,对国防科技和武器装备发展具有较大推动作用。

本书可作为高等学校机械、电子、软件、化工、航空、航天及自动化专业的研究生和本科生的教材,也是广大科技工作者学习与更新知识的一本有价值的参考书。

本书共7章。第1章回顾了可靠性分析的数学工具——概率论与数理统计;第2章对可靠性工程中的概念进行了系统的说明;第3～5章详细介绍了电子电子元器件及系统的可靠性分析与设计、软件可靠性工程和工程中常用的故障分析技术;第6章介绍了结构可靠性的基本理论、求解方法与设计思路;第7章针对航空工程中的可靠性问题进行了案例分析。

本书的编写分工如下:第1和2章由王燕萍编写;第3～5章、第6.5节、第7章由宋述芳编写;第6.1～6.4节由吕震宙编写。全书由宋述芳统稿并定稿。

在本书的整理过程中,薛红军老师、崔卫民老师、喻天翔老师给予了许多具体的指导意见,研究生史朝印、马艺琰也做了很多整理及校稿工作,在此表示衷心的感谢!在编写本书的过程中,参阅了很多相关资料,在此对其作者表示感谢!

由于笔者的阅历和水平有限,书中疏漏和不妥之处在所难免,敬请同行和读者多多批评和指正。

宋述芳

2018年5月

目　　录

第1章 可靠性及可靠性工程

1.1 可靠性的定义

可靠性(reliability)是产品在规定的条件下和规定的时间内,完成规定功能的能力。可靠性的概率度量称为可靠度,是产品在规定的条件下和规定的时间内,完成规定功能的概率。

可靠性的定义中,"三个规定"是可靠性概念的核心,可靠性的研究需明确研究对象的工作时间、工作条件和所赋予的功能。

可靠性的定义

1. 研究对象

产品(product)是可靠性问题的研究对象,它是泛指的,可以是元件、组件、零件、部件、机器、设备,甚至整个系统。在可靠性工程中,产品分为不可修复产品和可修复产品。

(1)不可修复产品:产品在使用过程中发生失效,其寿命即告终结。

(2)可修复产品:产品故障后,可通过更换元器件或调整恢复其功能。

研究可靠性问题时不仅要确定具体的产品,还应明确它的内容和性质。如果研究对象是一个系统,则不仅包括硬件,还包括软件以及人的判断与操作等因素,需要以人-机系统的观点去观察和分析问题。

2. 规定的条件

同一产品在不同条件下工作会表现出不同的可靠性水平,离开具体条件谈可靠性是毫无意义的。"规定的条件"有广泛的内容,一般包括产品使用时的环境条件和工作条件(包括动力条件,负载条件,使用、运输、储存、维护条件等)。

(1)环境条件:包括气候环境(如温度、压力、湿度、降水、辐射等)、生物化学环境(如腐蚀、酶降解、毒污染等)、机械环境(如振动、碰撞、冲击等)、电磁环境等。

(2)动力条件:影响产品性能的动力特性,包括电源(参数为电压、电流、频率等)和流体源(参数为压力、流量等)。

(3)负载条件:载荷、信号等。

(4)使用、运输、储存、维护等条件。

3. 规定的时间

与可靠性关系非常密切的是关于产品使用期限的规定，因为可靠度是一个有时间性的定义，所以对时间性的要求一定要明确。时间可以是区间$(0,t)$或区间(t_1,t_2)。有时对某些产品给出相对于时间的一些其他指标，如里程（距离）、周期、次数（如飞机的起降次数）等。通常，产品可靠性是时间的递减函数，即工作时间越长，可靠性越低。

4. 规定的功能

一般来说，"完成规定功能"是指在规定的使用条件下能维持规定的正常工作而不失效（或发生故障），即研究对象（产品）能在规定的功能参数下正常运行。应注意"失效"不单指产品不能工作，有些产品虽然还能工作，但由于其功能参数已漂移到规定界限之外了，即不能按照规定正常工作，也视为"失效"。因此，既要弄清该产品的功能是什么，其失效（或故障）是怎样定义的，还要注意产品的功能有主次之分（有时次要的故障不影响主要功能，因此也不影响完成主要功能的可靠性）。

5. 概率

"可靠度"是可靠性的概率度量。把概念性的可靠性用具体的数学形式——概率表示，这就是可靠性技术发展的出发点。在用概率来定义可靠度后，对元件、组件、零件、部件、机器、设备、系统等产品的可靠程度的测定、比较、评价、选择等就有了共同的基础，对产品可靠性方面的质量管理才有了保证。

1.2 可靠性的分类

一般认为，产品的可靠性有固有可靠性和使用可靠性之分。固有可靠性是在设计、制造中赋予产品的一种固有特性，它是产品开发者可以控制的，如仪表的输出范围、精度、敏度、分辨率等。而使用可靠性是产品在使用过程中表现出来的一种性能保持能力的特性，它除了考虑固有可靠性，还要考虑产品安装、操作使用、维修保障等的影响。在包装、运输、储存、安装、使用、维修保养及修理等环节中，产品可能会受到种种条件的影响而失效。

可靠性的分类

产品的可靠性还可以分为基本可靠性和任务可靠性。基本可靠性是产品在规定的条件下，无故障的持续时间或概率，反映产品对维修和后勤保障的要求，即在能够完成任务的情况下，所需要的单元越少，所需的维修人力越少，基本可靠性越高。而任务可靠性是指产品在规定的任务剖面内完成规定功能的能力，仅考虑影响完成任务的故障，即为了更好地完成指定任务，所用的冗余系统越多，任务可靠性越高。两者之间需要在人力、物力、费用、任务之间进行权衡。

可靠性还有狭义可靠性和广义可靠性之分。狭义可靠性仅指产品在整个寿命周期内完成规定功能的能力。广义可靠性包含狭义可靠性和维修性（maintainability）两个方面的内容，通常称为有效性（availability）。

1.3　可靠性的发展

可靠性的提出与研究始于第二次世界大战,当时,多数电子设备频繁出现故障,严重影响性能的充分发挥。德国使用的 V-2 火箭袭击伦敦时,有多达 80 枚火箭没有起飞就爆炸了,还有的没有到指定目的地就坠落了;美国的航空无线电设备 60% 不能正常工作,因可靠性引起的飞机损失多达 2 100 架,是被击落飞机架数的 1.5 倍。第二次世界大战末期,德国火箭专家 R.Lusser 首次提出概率乘积法则(将系统可靠性看作各子系统可靠性的乘积)。美国国防部组织对电子管的可靠性研究,标志着可靠性研究的起步。1950 年,美国成立了海陆空三军的"国防部电子设备的可靠性专门工作组",1952 年该工作组改名为"电子设备可靠性顾问团"(Advisory Group on Reliability of Electronic,AGREE),1957 年 7 月发表了著名的 AGREE 报告,该报告从以下九个方面全面阐述了可靠性的设计、试验、管理的程序和方法。

(1)确定各种军用电子设备可靠性的最低要求,并根据系统各部件的重要性、技术水平等来分配系统的可靠性。

(2)建立研制样机的可靠性评估方法、平均无故障工作时间(MTBF)的测量方法及基于指数分布的序贯试验计划,以证明研制样机满足最低的可靠性要求。

(3)制定试生产及批生产产品的可靠性评估程序和基于指数分布的 MTBF 寿命试验计划。

(4)制定电子设备研制程序,以保证研制的设备具有合同所要求的固有可靠性。

(5)基于失效率,制定电子元部件可靠性的分析方法及准则。

(6)确定已有的采购合同的条例与可靠性文件的相容性,提出必要的修改建议。

(7)确定运输、包装对产品可靠性的影响,提出改进措施。

(8)确定储存对设备可靠性的影响,提出改进措施。

(9)确定在使用中保持设备固有的设计可靠性水平的方法及程序。

国际电子技术委员会(International Electrotechnical Commission,IEC)于 1965 年设立"可靠性技术委员会",并于 1977 年改名为"可靠性与维修性技术委员会"。它对可靠性领域的定义、用语、书写方法、可靠性管理、数据收集等方面,进行了国际间的协调工作。

美国对于机械可靠性的研究,始于 20 世纪 60 年代初期,其发展与航天计划有关,如"阿波罗"宇宙飞船。当时在航天领域由机械故障引起的事故多,造成的损失大,于是美国航空航天局(NASA)从 1965 年起开始进行机械可靠性研究,例如:用超载负荷进行机械产品的可靠性试验验证;在随机动载荷下研究机械结构和零件的可靠性;将预先给定的可靠度目标值直接落实到应力分布和强度分布都随时间变化的机械零件的设计中;等等。结构系统可靠性(structural system reliability)于 20 世纪 60 年代中后期才开始被涉及,至七八十年代才加快发展起来;机械可靠性的另一分支——运动部件的可靠性研究(主要包括机构可靠性与可分离连接件的可靠性)也于 20 世纪 70 年代很快发展起来。

随着世界各先进工业国家对产品可靠性的研究越来越深入,涉及的范围越来越广,各国纷纷建立了研究可靠性的专门机构,制定并逐步修改完善有关产品可靠性管理、可靠性试验、可靠性设计、可靠性预计与评估的标准、手册和指南,并积极开展人为因素对可靠性的影响、软件可靠性及可靠性/维修性相互关系的研究等。日本在 1956 年从美国引进可靠性技术,1958 年日本科学技术联盟设立了"可靠性研究委员会",1960 年成立了"可靠性及质量控制专门小组",并于 1971 年召开了第一届可靠性学术讨论会。日本将可靠性技术推广应用到民用工业部门并取得了很大成功,使得具有高可靠性的产品畅销到全世界,带来巨大的经济效益。英国于 1962 年创建了《可靠性与微电子学》杂志。法国国立通信研究所也在同一年成立了"可靠性中心",进行数据的收集与分析,并于 1963 年创建了《可靠性》杂志。苏联在 20 世纪 50 年代就开始了对可靠性理论及应用的研究,当时的苏联及东欧各国于 1964 年在匈牙利召开了第一届可靠性学术会议,至 1977 年先后召开了四次这样的会议。我国的可靠性研究从 20 世纪 60 年代已经开始,至 70 年代和 80 年代已经有了很大发展。但我国可靠性理论及工程应用的发展研究还远不及国外的发达国家,这还需要我国这一领域的研究工作者大力研究、实施与推广。

目前,可靠性研究已经深入航空航天、核工业、电力、船舶、建筑、计算机等各个领域,可靠性技术已贯穿于产品的开发研制、设计、制造、试验、使用、运输、保管及维修保养等各个环节。

1.4 可靠性的基本概念

1.4.1 故障与失效

当系统或元件没有完成规定功能时,称其发生失效。对于可修复产品,失效通常称为故障。

1.失效的判别

突然失效和完全失效易于分辨,如直升机旋翼的折断、导弹发动机的失火或爆炸等。渐变失效则较难区分,如疲劳损伤、蠕变失效、腐蚀破坏等,对渐变失效需要制定相应的标准,才有判断失效的依据。渐变失效也可以采用模糊可靠性的方法来进行研究。

故障与失效

2.失效的分类

(1)失效按性质分为突然失效和渐变失效。

1)突然失效:由产品的一个或几个任务参数发生突然变化引起的失效。

2)渐变失效:由产品的一个或几个任务参数逐渐变化引起的失效。

(2)失效按发生的时间分为早期失效、偶然失效和耗损失效。

1)早期失效(试运行失效):由装配进系统中的有缺陷元件、构件,或装配和安装时的人为错误造成的一种失效。早期失效的可靠性基本上是由有缺陷元件、构件的失效概率所确定的。随着有缺陷元件、构件的排除和更换,系统的可靠性可以得到提高。

2)偶然失效:由构件突然受到不允许的载荷,或是由构件本身某些性能参数的突然变化等一些偶然因素导致的失效。

3)耗损失效:随着时间的推移由耗损和老化逐渐引起的一种失效。通常这种失效到来的时间是随机的。

(3)失效按存在的时间分为恒定失效、间歇失效和运行紊乱失效。

1)恒定失效:产品运行时始终存在的一种失效。为消除这种失效,可更换失效构件或对故障构件进行修理,也可以预先在易出故障的构件或者实现产品功能的关键构件上附加储备构件。

2)间歇失效:产品的某一特征多次发生运行紊乱的失效。这种失效发生时结构不经过修复,能在一定的时间内自行恢复功能。

3)运行紊乱失效:能够引起产品短时间内功能丧失的一种失效。

(4)失效按完备性分为完全失效和部分失效。

1)完全失效:结构的性能超过某种确定界限,以致于完全丧失了所规定的功能。

2)部分失效:产品的性能虽然超过了某种确定的界限,但没有完全丧失规定的功能。

有时部分构件的失效意味着完全失效,但有时部分构件的失效并不会引起整体丧失其功能。

(5)失效按系统各构件之间的联系分为独立失效和从属失效。

1)独立失效:一个构件的失效与系统中其他构件是否破坏或失效无关。

2)从属失效:系统中一个构件的失效取决于其他构件的破坏或失效。

(6)失效按形成的原因分为设计失效、生产失效、使用失效和人为错误失效。

1)设计失效:由违反设计规范或设计准则而出现设计上的不合理引起的失效。

2)生产失效:由制造及安装造成的损坏,或者由修理造成的损坏引起的失效。

3)使用失效:由使用过程中违反操作规程,或违反了规范中所规定的使用条件引起的失效。

4)人为错误失效:由人的错误引起的失效。为了减少人为错误引起的失效,提高产品可靠性,非常有必要加强人员培训。

(7)失效按产生的后果分为致命失效、严重失效和参数失效。

1)致命失效:能够导致人员生命或财产重大损失的失效,如重要建筑物的坍塌、飞机的失事等。

2)严重失效:能够导致产品完成功能能力降低的构件或部件的失效。

3)参数失效:能够导致产品的任何参数超出规定所许可范围的失效,一般多属于轻度失效。

1.4.2 故障概率函数

1. 故障累积函数 $F(t)$

$$F(t) = P(T \leqslant t) \qquad (1.1)$$

式中：T 为产品寿命，是随机变量；t 为某固定的寿命值。

故障累积函数的形式如图 1-1 所示。

2. 故障密度函数 $f(t)$

当 $F(t)$ 连续可导时，有

$$f(t) = \frac{\mathrm{d}F(t)}{\mathrm{d}t} \qquad (1.2)$$

显然有

$$F(t) = \int_0^t f(\tau)\mathrm{d}\tau$$

故障密度函数的形式如图 1-2 所示。

3. 可靠度函数 $R(t)$

可靠度函数是时间的函数。设产品的规定时间为 t，产品从开始工作到发生失效的连续工作时间为 T，则事件（$T > t$）表示产品在规定的使用时间 t 内能完成规定的功能，则可靠度函数 $R(t)$ 为

$$R(t) = P(T > t) \qquad (1.3)$$

显然有

$$R(t) = 1 - F(t) = \int_t^\infty f(\tau)\mathrm{d}\tau$$

可靠度函数的形式如图 1-3 所示。

图 1-1 故障累积函数　　图 1-2 故障密度函数　　图 1-3 可靠度函数

$$f(t) = \frac{\mathrm{d}F(t)}{\mathrm{d}t} = -\frac{\mathrm{d}R(t)}{\mathrm{d}t} \qquad (1.4)$$

（1）对于不可修复产品，其可靠度函数可定义为在规定的时间内，能完成规定功能的产品数与开始时投入工作的产品数 N 之比，即

$$R(t) = \frac{N - n(t)}{N} \qquad (1.5)$$

式中：N 为开始时刻投入工作的产品数；$n(t)$ 为工作到 t 时刻的失效产品数。

（2）对于可修复产品，其可靠度函数是指一个或多个产品的无故障工作时间达到或超过规定时间的次数 n 与规定时间内无故障工作的总次数 N 之比，即

$$R(t)=n/N \tag{1.6}$$

4. 失效率（或故障率、风险函数）$\lambda(t)$

失效率是工作到某时刻尚未失效的产品，在该时刻后的单位时间内发生失效的概率，记为 $\lambda(t)$。

设有 N 个产品，从开始工作到时刻 t 时的失效数为 $n(t)$，则 t 时刻的正常工作的产品数为 $N-n(t)$。若在 $(t，t+\Delta t)$ 时间区间内又有 $\Delta n(t)$ 个产品失效，则 t 时刻的失效率 $\bar{\lambda}(t)$（也称为区间故障率）为

$$\bar{\lambda}(t)=\frac{n(t+\Delta t)-n(t)}{[N-n(t)]\Delta t}=\frac{\Delta n(t)}{[N-n(t)]\Delta t} \tag{1.7}$$

当产品数 $N\to\infty$，时间区间 $\Delta t\to 0$ 时，t 时刻的瞬时失效率 $\lambda(t)$（也称风险函数）为

$$\lambda(t)=\lim_{\substack{N\to\infty\\\Delta t\to 0}}\bar{\lambda}(t)=\frac{\mathrm{d}n(t)}{[N-n(t)]\mathrm{d}t}=\frac{N}{[N-n(t)]}\frac{-\mathrm{d}[N-n(t)]}{N\mathrm{d}t}=\frac{f(t)}{R(t)} \tag{1.8}$$

【例 1-1】　设系统有 $N=100$ 个产品，从 $t=0$ 开始运行，在 50 h 内无失效，在 50～51 h 内发生 1 个失效，在 51～52 h 内发生 3 个失效，求该系统在 50 h 及 51 h 的失效率 $\bar{\lambda}(t)$。

解：$N=100，n(50)=0，n(50+1)=1，n(51+1)=4，\Delta t=1$，有

$$\bar{\lambda}(50)=\frac{n(50+1)-n(50)}{[N-n(50)]\times 1}=\frac{1-0}{100-0}=1\%/\mathrm{h}$$

$$\bar{\lambda}(51)=\frac{n(51+1)-n(51)}{[N-n(51)]\times 1}=\frac{4-1}{100-1}=3.03\%/\mathrm{h}$$

5. $\lambda(t)$ 与 $R(t)$、$F(t)$、$f(t)$ 的关系

失效率 $\lambda(t)$ 是产品一直使用到某一时刻 t 之前未发生故障的条件下，在该时刻可能发生故障的概率。可靠度 $R(t)$ 是产品一直使用到某一时刻 t 未发生故障的概率，$f(t)$ 是产品在 t 时刻的无条件故障密度，有

$$\lambda(t)=\frac{f(t)}{R(t)}=\frac{f(t)}{1-F(t)}$$

根据定义

$$f(t)=\frac{\mathrm{d}F(t)}{\mathrm{d}t}=-\frac{\mathrm{d}R(t)}{\mathrm{d}t}$$

可得

$$\lambda(t)=-\frac{1}{R(t)}\frac{\mathrm{d}R(t)}{\mathrm{d}t}$$

即

$$\frac{\mathrm{d}R(t)}{R(t)}=-\lambda(t)\mathrm{d}t \tag{1.9}$$

式（1.9）等号两端分别对 τ 从 0～t 积分，注意边界条件 $R(0)=1$，解此微分方程可得

$$R(t)=\mathrm{e}^{-\int_0^t\lambda(\tau)\mathrm{d}\tau} \tag{1.10}$$

用 $1-F(t)$ 代替式(1.10)中的 $R(t)$ 得到

$$F(t)=1-e^{-\int_0^t \lambda(\tau)d\tau} \tag{1.11}$$

式(1.11)等号两端分别对 t 求导得

$$f(t)=\lambda(t)e^{-\int_0^t \lambda(\tau)d\tau} \tag{1.12}$$

可见,只要知道了失效率 $\lambda(t)$,就可确定 $R(t)$ 、$F(t)$ 及 $f(t)$ 。

综合来看,4 个故障概率函数中,只要知道其中任意 1 个,其他 3 个函数就都是已知的了。它们之间具体的关系见表 1-1 及图 1-4。

表 1-1　$\lambda(t)$ 与 $R(t)$ 、$F(t)$ 、$f(t)$ 的关系列表

	$R(t)$	$F(t)$	$f(t)$	$\lambda(t)$
$R(t)$	—	$1-F(t)$	$\int_t^{+\infty} f(\tau)d\tau$	$e^{-\int_0^t \lambda(\tau)d\tau}$
$F(t)$	$1-R(t)$	—	$\int_0^t f(\tau)d\tau$	$1-e^{-\int_0^t \lambda(\tau)d\tau}$
$f(t)$	$-\dfrac{dR(t)}{dt}=-R'(t)$	$\dfrac{dF(t)}{dt}=F'(t)$	—	$\lambda(t)e^{-\int_0^t \lambda(\tau)d\tau}$
$\lambda(t)$	$-\dfrac{R'(t)}{R(t)}=\dfrac{f(t)}{R(t)}$	$\dfrac{F'(t)}{1-F(t)}=-\dfrac{f(t)}{1-F(t)}$	$\dfrac{f(t)}{\int_t^{+\infty} f(\tau)d\tau}$	—

图 1-4　$\lambda(t)$ 与 $R(t)$ 、$F(t)$ 、$f(t)$ 的公式关系图

【例 1-2】　假设寿命的故障密度函数为指数分布,求 $R(t)$ 和 $\lambda(t)$ 。

解:已知

$$f(t)=\frac{1}{\theta}e^{-t/\theta}\ (t>0)$$

故有

$$R(t)=\int_t^{+\infty} f(\tau)d\tau=e^{-t/\theta}\quad(t>0)$$

$$\lambda(t)=\frac{f(t)}{R(t)}=\frac{1}{\theta}\quad(t>0)$$

可以看出,当寿命服从指数分布时,失效率 $\lambda(t)$ 为常数。

1.5 可靠性工程

可靠性工程是为了适应产品的高可靠性要求而发展起来的新兴学科，它综合了众多学科的成果，是一门以解决可靠性问题为出发点的边缘学科。可靠性工程是为了达到系统可靠性要求而进行的有关设计、管理、试验和生产等一系列工作的总称，与系统的整个寿命周期内的全部可靠性活动有关。其主要任务是保证产品的可靠性和可用性，延长使用寿命，降低维修成本，提高产品的使用效益。可靠性工程技术的定义为：以赋予产品可靠性为目的的应用科学与技术。利用可靠性工程技术手段，能够确定产品或系统的故障发生原因、产品的薄弱环节、消除或预防故障的措施等。

可靠性工程 (QR code image)

可靠性工程包括可靠性分析、可靠性设计、可靠性试验、可靠性管理等，其具体的工作步骤如下：

(1)通过试验或使用，发现系统的薄弱环节。

(2)研究导致这些薄弱环节的主要内、外因素。

(3)研究影响系统可靠性的物理、化学、人为的机理及其规律。

(4)针对分析得到的问题原因，在技术上、组织上采取相应的改进措施，并定量地评定和验证其效果。

(5)完善系统的制造工艺和生产组织。

为了提高系统的可靠性，延长系统的使用寿命，降低维修费用，提高经济效益，在系统规划、设计、制造和使用的各个阶段都要贯彻以可靠性为主的质量管理。产品质量取决于性能、可靠性、维修性、安全性、适应性、经济性和时间这七个方面的综合评价(见图 1-5)，其中前两项尤为重要。

图 1-5 产品质量的评价因素

思 考 题

1.请给出可靠性的定义及对它的理解。

2.表征可靠性的特征量有哪些？它们之间的关系如何？

3.可靠性工程中包含哪些内容？

第2章 电子产品的可靠性及设计

电子产品的可靠性研究开展得较早,有着比较成熟且完整的理论框架及研究成果。

2.1 寿 命 指 标

寿命是产品的无故障工作时间。对于不可修复产品,寿命指产品发生失效前的工作时间或工作次数;对于可修复产品,寿命指产品两次修复之间的工作时间或工作次数。

1. 平均寿命

平均寿命就是产品寿命的平均值,即寿命的数学期望。对离散型和连续型变量来说,其平均寿命为

离散型:

$$\bar{t} = \sum_{i=1}^{n} t_i P(t_i)$$

连续型:

$$\bar{t} = \int_{0}^{+\infty} t f(t) \mathrm{d}t$$

式中:$P(t_i)$ 是寿命为 t_i 的概率;$f(t)$ 为寿命的故障密度函数。

平均寿命能大致反映产品寿命的平均水平,但不能真正反映产品的寿命情况,并且会有相当比例的产品在达到平均寿命前失效。

对于不可修复产品,其平均寿命是指产品从开始工作到失效前的工作时间(或工作次数)的平均值,称为失效前平均工作时间(Mean Time to Failure,MTTF)。

$$\mathrm{MTTF} = \frac{1}{N} \sum_{i=1}^{N} t_i \tag{2.1}$$

式中:N 为测试的产品总数;t_i 为第 i 个产品失效前的工作时间。

对于可修复产品,其平均寿命是指相邻两次故障间的工作时间。因此,它的平均寿命为平均无故障工作时间或称为平均故障间隔时间(Mean Time Between Failures,MTBF)。

$$\mathrm{MTBF} = \frac{1}{\sum\limits_{i=1}^{N} n_i} \sum_{i=1}^{N} \sum_{j=1}^{n_i} t_{ij} \tag{2.2}$$

式中:N 为测试的产品总数;n_i 为第 i 个测试产品的故障次数;t_{ij} 为第 i 个产品从第 $j-1$

次故障到第 j 次故障的工作时间。

　　MTTF 和 MTBF 的理论意义和数学表达式的实际内容是一样的,故统称为平均寿命 θ,则有

$$\theta = \frac{1}{N}\sum_{i=1}^{N} t_i \qquad (2.3)$$

式中:t_i 为第 i 个测试产品的寿命。

　　若产品总体的故障密度函数 $f(t)$ 已知,则根据概率论关于均值(数学期望)的定义 $\left[E(X)=\int_{-\infty}^{+\infty} xf(x)\mathrm{d}x\right]$,考虑时间的积分范围 $t>0$,有

$$\theta = E(T) = \int_0^{+\infty} t\,f(t)\mathrm{d}t \qquad (2.4)$$

将 $f(t)=-\dfrac{\mathrm{d}R(t)}{\mathrm{d}t}$ 代入式(2.4),得

$$\theta = \int_0^{+\infty} -t\,\frac{\mathrm{d}R(t)}{\mathrm{d}t}\mathrm{d}t = -\int_0^{+\infty} t\,\mathrm{d}R(t) = -[tR(t)]\Big|_0^{+\infty} + \int_0^{+\infty} R(t)\mathrm{d}t = \int_0^{+\infty} R(t)\mathrm{d}t$$

　　由上式可见,在一般情况下,对可靠度函数 $R(t)$ 在 $[0,\infty)$ 的时间区间上进行积分计算,就可求出产品总体的平均寿命。

　　2. 寿命方差与标准差

　　寿命方差与标准差能够反映产品寿命的离散程度。

　　离散型:

　　方差 $\sigma^2 = D(T) = \sum_{i=1}^{n}(t_i-\bar{t})^2 P(t_i)$,标准差 $\sigma = \sqrt{D(T)}$。

　　连续型:

　　方差 $\sigma^2 = D(T) = \int_0^{+\infty}(t-\bar{t})^2 f(t)\mathrm{d}t$,标准差 $\sigma = \sqrt{D(T)}$。

　　3. 可靠寿命

　　设产品的可靠度函数为 $R(t)$,使可靠度等于给定可靠度水平 γ 所对应的时间 t_γ 称为可靠寿命,有

$$R(t_\gamma)=\gamma, \quad t_\gamma = R^{-1}(\gamma) \qquad (2.5)$$

　　(1)中位寿命:产品寿命的可靠性水平 $\gamma=0.5$ 时对应的可靠寿命 $t_{0.5}$,有

$$R(t_{0.5})=0.5, \quad t_{0.5}=R^{-1}(0.5)$$

　　(2)特征寿命:产品寿命的可靠性水平 $\gamma=\mathrm{e}^{-1}$ 时对应的可靠寿命 $t_{\mathrm{e}^{-1}}$,有

$$R(t_{\mathrm{e}^{-1}})=\mathrm{e}^{-1}, \quad t_{\mathrm{e}^{-1}}=R^{-1}(\mathrm{e}^{-1})$$

　　4. 更换寿命与筛选寿命、维修度和有效度

　　若已知某失效率值 λ,则可根据 $\lambda=f(t)/R(t)=-R'(t)/R(t)$ 求出对应的时间 t 的值,称此 t 值为更换寿命,记作 t_λ。所谓"更换"是指当元器件使用到 t_λ 时,必须给予更换,否则失效率将比给定的失效率 λ 高。因此,更换寿命是对那些失效率 $\lambda(t)$ 为递增函数的产品而言的。

如果失效率函数 $\lambda(t)$ 是随使用时间的增加而递减的,那么这样的元器件则应在 t_λ 以前进行更换或筛选,而在 t_λ 以后可不必更换,此时 t_λ 可称为筛选寿命。

维修度用来度量产品的维修性,其定义为可修复产品在发生故障或失效后在规定的条件下和规定的时间 $(0,\tau)$ 内,完成修复的概率,记为 $M(\tau)$。一般 $M(\tau)$ 服从指数分布或对数正态分布。

平均修理时间(Mean Time to Repair,MTTR)指可修复产品的平均修理时间[总维修活动时间(h)/维修次数]。

可靠度与维修度合起来称为有效度或可利用度。有效度是综合可靠度与维修度的广义可靠性度量,指"可修复产品在规定的条件下使用时,在某时刻 t 具有或维持其功能的概率"。有效度是时间的函数,可记为有效函数 $A(t)$:

$$A(t)=\frac{\text{MTBF}}{\text{MTBF}+\text{MTTR}} \qquad (2.6)$$

若产品的使用时间为 t,维修所容许的时间为 τ $(\tau \ll t)$,该产品的可靠度为 $R(t)$,维修度为 $M(\tau)$,则其有效度为

$$A(t,\tau)=R(t)+[1-R(t)]M(\tau) \qquad (2.7)$$

由式(2.7)可见,为了得到高的有效度,应做到高可靠度和高维修度。当可靠度偏低时,可以用提高维修度的办法来得到所需的有效度,但这样就会经常发生故障,从而使维修费用增加。

2.2 典型失效分布——失效率曲线

大量的使用和试验结果表明,电子产品的失效率与时间的关系曲线的特征是两端高、中间低,形状似浴盆,故一般称为"浴盆曲线"(bathtub curve)(见图 2-1)。

浴盆曲线

图 2-1 失效率曲线("浴盆曲线")

失效率曲线分为以下三个阶段。

1. 早期失效期(Decreasing Failure Rate,DFR)

该阶段是产品投入使用的初期,失效率较高且下降较快。产品失效或故障主要由材料缺陷、生产工艺、质量检验等因素引起。该段时间可以通过质量管理、可靠性筛选试验等方

法缩短。

2.偶然失效期(Constant Failure Rate,CFR)

该阶段,产品失效率较低且稳定,近似为常数。产品失效或故障主要由误操作等偶然因素引起。该段时间为产品的主要工作阶段,可以通过改进设计来延长产品正常使用时间。

3.耗损失效期(Increasing Failure Rate,IFR)

该阶段,产品失效率迅速上升,很快导致产品报废。产品失效主要由老化、疲劳、磨损、腐蚀等因素引起。可以通过预测耗损开始时间,提前维修,以延缓报废时间,但要综合考虑提前维修的经济性。

2.3　电子系统的可靠性分析

任何一个电子系统都是由数目众多的电子元件组合而成的。而最基本的组合方式有三种:串联、并联和旁路(备用)。

(1)串联系统:只要系统中有一个元件失效,系统就会失效,如图 2-2 所示。

(2)并联系统:当系统所有的元件均失效时,系统才失效,如图 2-3 所示。

(3)旁路系统:在系统中的某个元件失效后,另一个备用元件才开始启用,而当所有备用元件均失效时,系统才失效,如图 2-4 所示。

电子系统
可靠性分析

图 2-2　串联系统

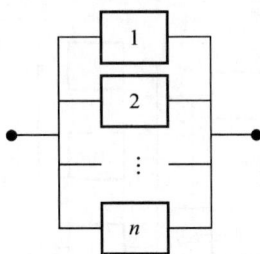

图 2-3　并联系统　　　　图 2-4　旁路系统

对于以上三种连接形式的系统,其寿命可以用以下公式表示。

串联系统:

$$T_{sS} = \min(T_1, T_2, \cdots, T_n)$$

并联系统:

$$T_{sP} = \max(T_1, T_2, \cdots, T_n)$$

旁路系统:

$$T_{sB} = T_1 + T_2 + \cdots + T_n$$

接下来推导上述 3 种系统的故障累积函数,首先假定各元件的寿命是相互独立的。

(1)串联系统,其故障累积函数为

$$\begin{aligned} F_S(t) &= P(T_{sS} \leqslant t) = 1 - P(T_{sS} > t) = 1 - P(T_1 > t, T_2 > t, \cdots, T_n > t) \\ &= 1 - P(T_1 > t)P(T_2 > t) \cdots P(T_n > t) \\ &= 1 - [1 - F_1(t)][1 - F_2(t)] \cdots [1 - F_n(t)] \end{aligned} \tag{2.8}$$

(2)并联系统,其故障累积函数为

$$\begin{aligned} F_P(t) &= P(T_{sP} \leqslant t) = P(T_1 \leqslant t, T_2 \leqslant t, \cdots, T_n \leqslant t) \\ &= P(T_1 \leqslant t)P(T_2 \leqslant t) \cdots P(T_n \leqslant t) \\ &= F_1(t)F_2(t) \cdots F_n(t) \end{aligned} \tag{2.9}$$

(3)旁路系统,其故障累积函数为

$$\begin{aligned} F_B(t) &= P(T_{sB} \leqslant t) = P(T_1 + T_2 + \cdots + T_n \leqslant t) \\ &= \iint \cdots \int_{t_1 + t_2 + \cdots + t_n \leqslant t} f_{T_1 T_2 \cdots T_n}(t_1, t_2, \cdots, t_n) \mathrm{d}t_1 \mathrm{d}t_2 \cdots \mathrm{d}t_n \end{aligned} \tag{2.10}$$

式中:被积函数是各个元件寿命的联合故障密度函数,当各个元件的寿命相互独立时,$f_{T_1 T_2 \cdots T_n}(t_1, t_2, \cdots, t_n) = \prod_{i=1}^{n} f_{T_i}(t_i)$。此外,旁路系统的故障密度函数可以用卷积公式求解。

如果各个元件的寿命分布是已知的,则三种连接形式的系统寿命的故障累积函数就可以求得,那么系统寿命的故障密度函数、可靠度函数以及风险函数都可以通过第 1 章介绍的关系给出,同时也可以求得系统的平均寿命、寿命方差、可靠寿命以及中位寿命等。

对于一个复杂系统,我们可以将其看成是若干子系统经过串、并及旁路(备用)系统的连接所组成的(见图 2-5),因此上面的方法可以反复应用,直至求得复杂系统的寿命分布函数或其特征值。

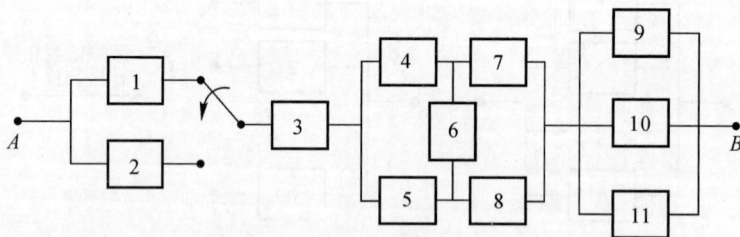

图 2-5 复杂电子系统示意图

2.4 电子系统的可靠性设计

电子元器件是构成电子系统或设备最小和最基本的单元,因此,电子元器件的可靠性直接影响电子系统的可靠性。然而由于各种因素，电子元器件在设计和大批量生产过程中不可避免地会出现品质瑕疵，导致生产出不符合要求的产品，造成电子系统的寿命降低、出现早期失效等问题，因此，要对电子元器件进行严格的筛选和控制，以提高电子系统的可靠性。

电子产品的
可靠性设计

1. 电子元器件的筛选和控制

电子元器件的筛选和控制是保证电子系统可靠性的基础。由于电子元器件的每批次成品里，总有一部分产品存在瑕疵，这些潜在的缺陷在一定应力作用下表现为早期失效。有效的筛选可以使元器件的使用失效率下降 1～2 个数量级，并有效提高电子元器件工作的可靠性。

电子元器件的选用准则有以下六点：

(1)元器件的技术条件、技术性能、质量等级等均应满足装备的要求。

(2)优先选用经实践证明质量稳定、可靠性高、有发展前途的标准元器件，不允许选用淘汰或禁用的元器件。

(3)优先选用技术服务良好、供货及时、价格合理的生产厂家的元器件，关键元器件要对生产方进行质量认定。

(4)应最大限度地压缩元器件的品种规格和生产厂家。

(5)未经设计定型的元器件不能用在可靠性要求高的军工产品中。

(6)当性价比相同时，应优先选用国产元器件。

电子元器件的筛选一般通过检验和试验的方法来剔除不合格或有可能出现早期失效的产品，一般分为一次筛选和二次筛选。一次筛选是由元器件生产厂按元器件技术指标和订购合同要求进行出厂前筛选，也称为成品筛选；二次筛选是元器件用户在元器件到货后进行筛选。筛选试验的顺序为：首先将试验费用低的安排在前面(如检测外观、电参数测试、高温存储试验、温度循环试验等)，其次安排应力筛选试验(如离心试验、颗粒碰撞、噪声检测等)，最后进行检漏、外观复查等。

为了确保电子元器件的使用可靠性，必须对电子系统的研制、生产和使用的各个阶段中元器件的选择、采购、监制、验收、筛选、保管、使用、失效分析和信息管理等，实行有效的全过程质量和可靠性管理。

2. 电子系统的可靠性设计

电子系统的可靠性设计是指在功能设计的同时，针对产品在规定的条件下和规定的时间内可能出现的失效模式，采取相应的设计技术，以消除或控制其失效模式，使产品在全寿命周期内满足规定的可靠性要求。原电子工业部可靠性管理办公室组织编写的《军用电子元器件可靠性设计的一般要求》和《各类元器件的可靠性设计指南》等 13 个文件，规定了开展军用电子元器件可靠性设计的基本原则、可靠性设计指标、可靠性设计的基本程序与内容等，对提高军用电子元器件的可靠性水平起到了有效的指导作用。

电子系统的可靠性设计过程中采用的设计技术主要有以下几种。

(1)简化设计：在保证原设计功能指标的情况下，尽可能简化电路设计。既不能为了提高一点性能而大量增加元器件，从而大大降低电路的可靠性，也不能为了简化省略元器件而影响电路的性能和稳定性。

(2)降额设计:实际使用应力应低于元器件的额定值,可以通过降额因子的方法,使电子元器件在低于额定值的应力条件下使用。

(3)耐环境的可靠性设计:在产品设计时要考虑力学破坏(如冲击、振动、拉剪应力、谐振等)、高低温工作环境、高湿度环境、低气压环境、辐射环境、电应力、生物应力等的可靠性设计技术。

(4)可靠性热设计:电子元器件的集成密度越来越高,通过传导、辐射、对流产生的热耦合,对电子元器件失效率有重要影响。若元器件受温度影响很敏感,则热设计是可靠性设计的重要影响因素。

(5)电磁兼容性设计:保障电子系统在执行任务时遇到各种电磁干扰,其性能不降低,仍能协调有序进行工作。在设计中,考虑防静电设计、各种结构的屏蔽措施、滤波、潜通电路分析等。

(6)稳健性设计:包括容差设计(关键件的合理公差范围)、工艺稳定性设计、版图稳定性设计。

(7)冗余设计:冗余设计必定会增加整个电子系统的体积、成本,因此需要综合考虑。

思 考 题

1.由 $2n$ 个单元组成的并串、串并系统,框图如图 2-6 所示,假设各单元的失效是相互独立的,各单元正常工作的概率为 R,试比较两个系统的可靠度。

图 2-6 题 1 图

2.设某系统 L 由两个独立的子系统 L_1、L_2 连接而成,连接方式分别为:① 串联;②并联;③备用。设 L_1、L_2 寿命的故障密度函数分别为

$$f_{T_1}(t)=\begin{cases}\alpha e^{-\alpha t}, & t>0 \\ 0, & t\leqslant 0\end{cases}, \quad f_{T_2}(t)=\begin{cases}\beta e^{-\beta t}, & t>0 \\ 0, & t\leqslant 0\end{cases}$$

其中,$\alpha>0$,$\beta>0$(α 与 β 不等)。分别写出三种连接方式的系统寿命 T 的故障密度函数。

第3章 软件可靠性工程

软件可靠性是软件质量的重要特性。由于软件的不可靠导致系统失效,最终酿成重大损失的事例不胜枚举。例如,在海湾战争期间,"爱国者"防空系统有一次未能成功地拦截"飞毛腿"导弹,造成军营被炸,28名英军死亡,其原因是"爱国者"防空系统的跟踪软件在运行100 h后出现了一个0.36 s的舍入误差。在法国气象卫星上的软件由于软件质量问题,当计算机本来应当给一些气象探测气球发出一个"读取数据"指令时,错误地发出了一个"紧急自毁"指令,从而毁坏了141个气象气球中的72个,造成了探测任务的失败。1996年6月4日,阿利亚娜V型火箭在发射升空40 s后,火箭脱离飞行轨道、解体、爆炸,调查原因显示,惯性制导系统软件出现格式和设计错误。

提高软件的可靠性已是软件开发人员迫切需要解决的问题。软件可靠性工程技术可以有效地对软件产品特性进行度量和预测,对软件开发过程中的状态进行控制、设计并开发出高可靠性的软件。

3.1 软件可靠性概述

3.1.1 软件可靠性

《软件工程术语》(GB/T 11457—1995)中将软件可靠性定义为在规定的条件下和规定的时间内,软件不引起系统失效的概率。该概率是系统输入和系统使用的函数,也是软件中固有错误的函数,系统输入将确定是否触发软件错误(如果错误存在的话)。简单地说,就是在规定的条件下和规定的时间内,软件执行规定功能的能力。

软件可靠性概述

第一个定义是一个定量的定义,有明确的可靠度的含义,而第二个定义是定性的定义。下面讨论定义中的规定的条件、规定的时间和规定的功能。

1.规定的条件

规定的条件即软件所处的环境条件、负载大小与运行方式。

(1)软件运行的软硬件环境:与软件运行、储存等有关的内部、外部软硬件条件,其中:软件环境包括运行的操作系统、应用程序、编译系统、数据库系统等;硬件环境包括计算机的CPU、MEMORY、I/O和存储器等。

(2)软件操作剖面:软件运行的输入空间及其概率分布。程序不同的运行状态对应于不同的运行剖面。假设系统有两个输入状态 A 和 B,实际使用发生的概率分别为0.10和0.

90,则输入空间的示意图如图 3-1 所示。

图 3-1　输入空间

2.规定的时间

软件可靠性与规定的时间有关,不同的时间内,软件表现出不同的可靠性。规定的时间一般可分为日历时间(calendar time)、时钟时间(clock time)和执行时间(execution time)。

(1)日历时间:指编年时间,包括计算机可能未运行的时间。

(2)时钟时间:指程序执行开始到程序执行完毕所经历的钟表时间,该时间包括了其他程序运行的时间。

(3)执行时间:指执行一个程序所用的实际时间或中央处理器时间,或程序处于执行过程中的一段时间,即所谓的 CPU 时间。大多数软件可靠性度量的最佳选择是 CPU 时间。

3.规定的功能

软件的可靠性还与规定的功能密切相关。所谓规定的功能就是软件应完成的工作,事先必须明确规定的功能,只有这样才能对软件是否发生失效有明确判断。

3.1.2　软件的失效机理

软件的失效机理可能有不同的表现形式,但总的来说,软件的失效机理可描述为:软件错误→软件缺陷→软件故障→软件失效,如图 3-2 所示。

图 3-2　软件的失效机理

1. 软件错误(error & mistake)

软件错误指软件在生命周期过程中出现的不希望或不可接受的错误,它是在软件设计和开发过程中引入的,其结果是导致软件缺陷的产生。软件错误是一种人为错误,是由人的不正确或疏漏等行为造成的,是软件开发过程中不可避免的一种行为过失。引起软件错误的原因有用户需求不完整、理解有歧义、知识欠缺、编码错误等。软件错误的例子如下。

(1)启动错:程序不能按要求启动。

(2)输入范围错:程序不能正常检测输入数据的范围。

(3)说明错:输入数据的约束范围说明错误。

(4)算法错:计算给定数学方程的算法不能正常执行。

(5)边界错:数组索引越界。

对于软件错误,通常用初始软件错误数、剩余软件错误数、每千(百)行代码错误数等度量。

(1)初始软件错误数:在软件排错之前,软件中错误数量的估计值。

(2)剩余软件错误数:在经规定的查错、测试和纠错等工作之后,仍然残留在软件中的错误数的估计值。

(3)每千(百)行代码错误数:指千(百)行代码中所包含的错误数量。

2. 软件缺陷(bug & defect)

软件缺陷指出于人为差错或其他客观原因,软件(包括说明文档、应用数据、程序代码等)中隐含的能导致其在运行过程中出现不希望或不可接受的偏差的缺陷。软件缺陷是程序本身的特性,以静态形式存在于软件内部。当软件运行在某特定条件下时,软件缺陷被激活将导致系统出现软件故障。软件缺陷不会因为使用而损耗,即无损耗地潜伏在软件中,直到被激活。

3. 软件故障(fault)

软件故障指软件在规定的运行条件下,运行过程中出现一种不希望或不可接受的内部状态。软件故障是一种动态行为,是软件缺陷被激活后的表现形式。软件故障总是由软件错误引起的,但软件错误不一定引起软件故障。当软件运行中出现软件故障,并且没有采取措施处理时,便会累积直至软件失效。

4. 软件失效(failure)

软件失效指功能部件执行其规定功能的能力丧失。软件失效具有随机性,这是由于:一方面,程序员产生的缺陷本身非常复杂;另一方面,无法得知缺陷所在位置,且无法知道程序运行的环境(或者错误的性质、错误的引入时间、错误的引入部位等难以事先判断,软件的运行状态和执行路径难以准确确定等)。但随机并不意味着不可预测。软件失效的分布规律、数字特征等可由失效数据统计得出。

软件失效后果可按照费用大小、人身伤害程度或功能丧失情况来进行分类。如果按照功能失效的等级划分,则可分为以下 4 个等级:

(1)功能完全丧失;

(2)功能退化;

（3）使用不方便且急需修复；

（4）影响轻微且不急需修复。

3.1.3 软件、硬件可靠性的区别

软件、硬件可靠性在其失效机制、可靠性的决定因素、可靠性的检验、失效的恢复和预防等多方面皆有显著的差别。表 3-1 列出了两者之间具体的区别。

表 3-1 软件、硬件可靠性的区别列表

序　号	软　件	硬　件
1	逻辑实体，不会损耗，不会自身变化，只是其载体可变	物理实体，每件同规格产品的质量特性之间有散差，随着时间、环境等变化而老化、磨损直至失效
2	开发过程主要是脑力劳动，本质上无形、不可见、不透明，难以测控	研发过程是体力与脑力的结合过程，过程有形，可跟踪，可测控
3	不可靠问题主要是由于开发过程中的人为差错造成的缺陷或错误所引起的	不可靠问题不只是设计问题，在生产和使用过程中也会产生新的故障
4	软件是程序指令的集合，即使每条指令都正确，在执行期间其逻辑组合状态千变万化，最终软件不一定正确	元器件、零部件及其组合故障均可导致系统失效
5	系统的数学模型是离散的，其输入在合理范围内的微小变化都可能引起输出的巨大变化，故障的形成无物理原因，失效的发展取决于输入值和运行状态的组合，无先兆	系统在正常工作条件下是渐变的，故障的形成和失效的发生一般都有物理原因，有先兆
6	应在开发的全过程采取措施避错、查错、纠错和容错，而在批量复制过程中，软件本身不会变化	除了开发过程外，生产过程对产品的影响也很大，均需加强控制
7	精心设计测试，严格执行测试，检出错误并加以排除	建立适当的环境应力条件，进行环境应力筛选，剔除缺陷
8	当采用冗余设计时，应确保冗余软件间的相异性；否则，相同的冗余软件不仅不能提高可靠性，反而增加了复杂性，降低其可靠性	相同部件之间是自然独立的，适当的冗余可以提高其任务可靠性
9	在使用过程中出现故障后必须修改原软件以解决问题，若在修改时未引入新的缺陷或错误，那么其可靠性就会增长	在使用过程中出现故障后无需修改原产品，只需要更换或修复失效的零部件，其可靠性一般不会有提高
10	某处的修改会影响他处，错误会扩散、会蔓延，维修时必须考虑这种影响	维修某处一般不会影响他处

续表

序　号	软　件	硬　件
11	失效率随故障的排除而下降	失效率的变化呈浴盆曲线
12	可靠性参数估计无物理基础	可靠性参数估计有物理基础

在失效率曲线方面,硬件的失效率具有浴盆特性(见图 2-1),而软件的失效率则不存在该种特性。

1.硬件失效率的浴盆曲线

(1)随着早期问题的剔除,失效率不断下降。

(2)产品进入稳定的使用期,失效率较低且稳定,近似为常数。

(3)在使用到一定时间后,由于物理耗损,失效率迅速上升,很快导致产品报废。

2.软件不存在浴盆曲线

不考虑引入的新缺陷或错误,随着软件设计缺陷的不断排除,软件的失效率不断下降,如图 3-3 所示。

图 3-3　不考虑引入的新缺陷或错误时软件的失效率曲线

每当对软件功能进行升级时,都会不可避免地引入新缺陷或错误,从而导致其失效率急剧上升。在软件的生命周期末期,软件已经接近淘汰,缺少升级的需求,因此其失效率才逐渐趋于稳定,如图 3-4 所示。

图 3-4　考虑引入的新缺陷或错误时软件的失效率曲线

3.1.4 软件可靠性的度量参数

软件质量是众多因素及指标的综合反映,在软件可靠性评估中,需根据软件的特点,选择适当的可靠性参数作为软件质量指标。软件的可靠度指软件可靠性的概率度量。

用 ST 表示规定的条件,t 表示规定的时间,随机变量 ξ 表示软件从运行开始到失效所经历的时间,则软件可靠度的函数表达式为

$$R_\xi(\mathrm{ST},t)=P\{\xi>t\mid \mathrm{ST}\} \tag{3.1}$$

软件不正常工作的概率为

$$F_\xi(\mathrm{ST},t)=1-R_\xi(\mathrm{ST},t) \tag{3.2}$$

在软件开始运行后,随着时间的延续,其失效概率逐渐增大,在长期运行之后将趋于 1,而其可靠性逐渐降低并趋于 0。同样,软件可靠性还可以用失效率和风险函数来度量(见第1.4 节)。

常用的软件可靠性参数有以下几种:

(1)系统不工作次数。在一定时期内,由于软件故障而停止工作,必须由操作者介入再启动才能继续工作的次数称为系统不工作次数。

(2)系统平均不工作间隔时间(Mean Time Between Downs,MTBD)。系统平均不工作间隔时间反映了系统的稳定性。

$$\mathrm{MTBD}=\frac{T_v}{d+1} \tag{3.3}$$

式中:T_v 是软件系统正常工作的总时间(h);d 是系统由于软件故障而停止工作的次数。

(3)平均不工作时间(Mean Down Time,MDT)。平均不工作时间是指由于软件故障,系统不工作时间的平均值。

(4)平均修理时间(Mean Time to Repair,MTTR)。平均修理时间反映了出现软件缺陷后采取对策的效率,在一定程度上反映了软件企业对社会服务的责任心。

(5)有效性 A。有效性 A 综合反映了系统的可靠性和维修性。

$$A=\frac{T_v}{T_v+T_D}\quad\text{或}\quad A=\frac{\mathrm{MTBD}}{\mathrm{MTBD}+\mathrm{MDT}} \tag{3.4}$$

式中:T_D 是由于软件故障使系统不工作的时间(h)。

(6)初期故障率。一般以软件交付给使用方后的三个月内为初期故障期。初期故障率以每 100 h 的故障数为单位,用它来评价交付使用时的软件质量和预测何时软件的可靠性基本稳定。初期故障率取决于软件的设计水平、检查项目数、软件规模、软件调试彻底与否等因素。

(7)偶然故障率。一般以软件交付给使用方三个月后为偶然故障期。偶然故障率一般以每 1 000 h 的故障数为单位,它反映了软件处于稳定状态的质量。

(8)使用方误用率。使用方不按照软件规范及说明等文件使用造成的错误叫"使用方错误",在使用次数中,使用方误用的占比称作使用方误用率。造成使用方误用的原因之一是使用方对产品说明理解不深,操作不熟练,但也可能是说明书没有讲清楚而引起误解。另外,还有软件系统的可操作性有待改进,对使用方的使用培训还不够深入等。生产方有责任

及时调查使用方误用的原因,并对软件功能加以改进。

(9)用户提出补充要求数。用户提出补充要求数主要是反映软件是否充分满足了用户的需要,有些要求是特定用户的特殊要求,生产方为了更好地为社会服务,应该尽力满足他们的要求。有些要求是带有普遍性的,这就要求生产方应给予足够的重视,因为它反映了原来软件功能不够全面。

(10)处理能力。处理能力有各种指标,例如,可用每小时平均处理多少文件,每项工作的反应时间多少秒等来表示,具体情况根据需要而定。在评价软件及系统的经济效益时需用这项指标。

3.2　软件可靠性工程

软件可靠性工程(software reliability engineering)是一门以减小软件系统在运行中不满足用户要求的可能性为目标的系统化技术、方法和管理活动,目的是提高软件的可靠性。软件可靠性工程的研究内容有软件可靠性设计与分析、软件可靠性测试和软件可靠性管理等。

软件可靠性工程

3.2.1　软件可靠性建模

在进行软件可靠性设计与分析之前,首先要建立软件的可靠性模型。

软件可靠性建模旨在根据软件可靠性数据以统计的方法给出软件可靠性的估计值或预测值,从本质上理解软件可靠性行为,这是软件可靠性工程的基础。以软件可靠性模型为支撑的软件可靠性定量分析,在软件的开发过程中具有重要的作用。到目前为止,已有100多种软件可靠性模型,但遗憾的是尚无普遍适用的模型。

软件可靠性建模包含模型建立、模型比较和模型应用3个基本问题:①模型建立是指如何建立软件可靠性模型,考虑从什么角度建模(是数据域角度还是时间域角度),以什么为建模对象(是软件失效时刻还是一定时间内的失效次数),采用什么数学语言(是概率语言还是模糊语言)等。②模型比较旨在分析不同软件可靠性模型的异同点。一是模型分类;二是模型评估,分析比较其优劣性、可用性、有效性等,确定其适用范围。③模型应用是建模的最终目的。要考虑两个问题:一是给定模型,如何指导软件可靠性工程实践;二是给定软件开发计划,如何选取可靠性模型。

通常软件可靠性模型分为结构模型和预计模型,如图3-5所示。还可依据建模对象将软件可靠性模型可以分为静态模型(包括缺陷播种模型、基于数据域模型及经验模型)和动态模型(包括微模型和宏模型)。依据模型的适用性,Ramamoorthy和Bastani根据软件可靠性模型在软件生命周期过程中不同阶段(开发阶段/验证阶段/运行阶段/维护阶段等)的适用性而提出了图3-6所示的分类方法。

软件可靠性模型的组成为模型假设(如错误与失效间独立、模型与使用频率无关、测试是完备的等)、性能度量(模型输出量的数学表达式)、参数估计方法(用可靠性数据估计某些无法直接获得的性能参数)和数据要求(软件可靠性的输入数据)。

软件可靠性模型的比较与选择的步骤如图3-7所示,遵循以下准则。

图 3－5　软件可靠性模型

图 3－6　Ramamoorthy 和 Bastani 的软件可靠性模型分类

（1）预计的有效性：利用过去或现在的相关数据来预计软件可靠性并预测软件故障行为的能力。

（2）模型能力：在开发、管理等过程中，对所要求的量进行精确估计的能力。

（3）假设条件：数据支持程度/假设的合理性/假设的清晰性/假设的明确程度。

（4）适用性：判断模型在不同开发环境、不同操作运行环境、不同软件寿命阶段的适用性。

（5）简明性：收集数据简单经济/模型参数易理解、易估计/除初始输入数据外无其他人员干预。

```
          数据收集
            │
    初步选择几个相关的软
      件可靠性模型
            │
        模型参数估计
            │
          拟合模型
            │
      模型的评价与优选
            │
      选择并确定最佳模型
            │
      获得可靠性指标的估计值
     ┌──────┼──────┐
  未发现错误  下一失效时间  软件可靠性
     │       │       │
  ┌─────────────────────────────┐
  │ 决策：                        │
  │ （1）软件可靠性水平是否满足要求？│
  │ （2）是否还需要进一步测试？      │
  │ （3）是否可以交付？             │
  └─────────────────────────────┘
```

图 3-7　软件可靠性模型的选择步骤

3.2.2　软件可靠性设计

软件可靠性设计必须要遵循两个原则（又称为 Myers 设计原则）：一是控制软件的复杂度（模块独立/程序层次结构合理/关联简单）；二是与用户保持密切的联系和有效的沟通。

软件在开发过程中，要正确选用软件开发技术、方法和工具，以保证并提高软件的可靠性。软件可靠性设计包括避错设计、查错设计、纠错设计和容错设计。

1.避错设计

避错设计是在软件开发过程中，针对具体的软件特征，应用有效的软件技术、方法、工具，加强软件工程管理，尽可能减少或避免错误的引入，保证软件可靠性的一种设计方法。

避错设计主要由以下几种方法构成：①控制和降低软件复杂性；②提高变换的精确性；③改善信息联系；④迅速查找并纠正变换错误。避错设计体现了预防为主的思想，是软件可靠性设计的首选方法，贯穿于软件开发的整个过程。但是由于客观事物的复杂性和软件开发人员认识的局限性，杜绝设计错误是不可能实现的，因此需要在进行避错设计的同时，根据软件的可靠性要求①实施查错设计、纠错设计和容错设计。

常规的软件设计方法只能是避错设计的基础，要进一步提高软件的可靠性，必须采取诸如形式化设计、鲁棒设计(robust design，软件不仅要正确，还能够抵御各种干扰，具有一定的防止错误输入、防止误操作的能力，在发生故障时应能有效地控制事故的蔓延，并进行警报输出处理)、简化设计(要考虑模块的独立性、单入口单出口、复杂度和规模等因素；若软件控制简单，则可将硬件设计软件化，否则需要权衡硬件简化还是软件简化)、抗干扰设计等专门的措施。

2. 查错设计

查错设计是指在软件开发过程中赋予程序某些特殊的功能，使软件在运行过程中能自动地诊断和定位错误的一种方法。

查错分为被动式检测和主动式检测。两者的区别在于前者是在程序的若干部位设置检测点，等待错误征兆出现(遵循相互怀疑原则和立即检测原则)，而后者是对程序状态进行主动检测(周期性的任务或检查与预期输出进行对比)。

3. 纠错设计

纠错设计是指在软件的开发设计过程中，赋予程序自我纠正错误、减少错误危害程度的一种设计方法，也指在软件运行过程中，发现错误征兆后，软件具有自动纠错的能力，前提是已经准确地检测到软件错误及其诱因并定位错误。实际上，在没有人参与的情况下，软件自动纠错非常困难。实际的软件设计中更多的要求是只限于减少软件错误造成的危害，或将其影响限制在给定范围内。如用户程序间的隔离，可防止一个用户程序失效而影响其他用户程序及整个系统的正常工作。

4. 容错设计

容错设计是指在软件开发设计过程中，赋予程序某种特殊的功能，使得软件在错误已经被触发的情况下，系统仍能运行的一种设计方法。

"容错"是指在出现有限数目的硬件或软件故障的情况下，系统仍能提供持续正确执行或运行的可接受状态(避免系统完全失效)的内在能力。容错设计的目标是完全或部分消除软件错误，尤其是对软件系统的影响特别严重的错误，恢复因其出现故障而影响系统运行的进程，降低因软件错误所造成的不良影响。相应的容错软件有以下几个方面的特点：

(1)在一定程度上对自身故障的作用具有屏蔽能力；

(2)在一定程度上能从故障状态自动恢复到正常状态；

(3)在因缺陷而导致故障时，仍然能在一定程度上完成预期的功能；

---

① 软件的可靠性要求包括定性要求(采用非量化的形式来设计、评价和保证软件的可靠性)和定量要求(规定软件的可靠性参数、指标和评估方法，采用定量方法组织实施软件的可靠性分析、设计、测试、验证和管理)。

(4)在一定程度上具有容错的能力。

容错软件的基本活动是故障检测、损坏估计、故障恢复、故障隔离、继续服务。软件容错往往通过设计冗余来实现。

3.2.3　软件可靠性分析

软件可靠性分析方法包括定性分析和定量分析两类,其中定性分析方法有故障树分析、故障模式及影响分析、Petri 网分析和软件潜藏分析。

故障树分析、故障模式及影响分析将在第 4 章详细介绍。Petri 网分析由德国人 Petri 于 1962 年提出,是一种系统的数学模型和图形技术,使用令牌来模拟软件系统的行为及并发活动,建立系统的状态方程及系统行为的数学模型,找出软件系统的可靠性和安全性薄弱环节,并加以改进,如图 3-8 所示。软件潜藏分析是采用拓扑识别和线索表对软件进行静态分析,识别软件中的潜藏通路,防止意外事故发生,确保预期功能的实现,这里给出了某程序设计图(见图 3-9)及网络图(见图 3-10)的潜藏分析结果(见表 3-2 和表 3-3)。

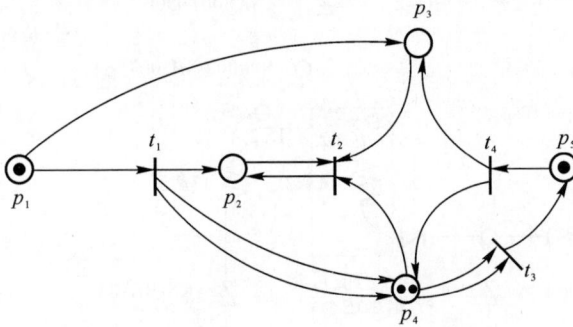

图 3-8　标记为 $(1,0,0,2,1)$ 的 Petri 网图

图 3-9　某程序设计框图

图 3 - 10   程序网络图

表 3 - 2   硬件与软件潜藏问题对照

硬　件	软　件
继电器路径	无用通道
反馈	不能实现的通道
电流反向	异常启动
接地开关	期望通道旁路
汇电盘	异常分支序列
电源交叉	非期望的潜在循环
指令不一致	无限循环
标志含混	不正常的数据处理顺序
虚假指示	多余指令

表 3 - 3　若干硬件和软件潜藏问题的分析结果

		潜　藏	设　计	文　档
电气系统	空间实验室	259	91	307
	反应堆安全子系统	18	13	22
	海湾地区高速运输系统	25	21	24
	F - 8 数字式电报	19	7	28
	E - 3AWACS 电力系统	57	2	194
软件系统	F1 终端成型装置	20	1	3
	初期故障检测器	4	1	1
	潜藏回路子程序	7	—	—
	B1 飞行子程序	35	—	—

3.2.4　软件可靠性测试

软件可靠性测试是软件确认阶段对软件需求规范中软件可靠性定量目标的回答,需要在用户参与的情况下进行。在软件可靠性测试过程中,不进行软件缺陷的剔除。

软件可靠性测试是软件测试的一种形式。它与其他的软件测试(如功能测试、强度测试、结构测试、性能测试等)相比,有如下特点。

(1)实施阶段:软件确认阶段(验收阶段)。

(2)实施对象:软件产品的最终形式。

(3)实施目的:定量估计软件产品的可靠性。

(4)实施特征:不进行软件缺陷的剔除。

(5)实施限制:依据软件可靠性需求规范和软件运行剖面实施。

(6)实施计划:在软件需求分析阶段定制。

(7)软件可靠性确认(验收)模型:用于根据软件可靠性验收的实验结果给出软件可靠性的定量估计值,以便从可靠性角度判断是否接受该软件。常见的模型有 Nelson 模型、定时截尾寿命验收模型、序贯寿命验收模型及模糊模型等。

软件可靠性测试特点可总结为图 3 - 11 所示。

图 3 - 11　软件可靠性测试

3.2.5　软件可靠性管理

软件可靠性管理是对软件生存期各个阶段中的软件可靠性工程活动进行规划和控制。

(1)需求阶段的软件可靠性工程活动:确定功能剖面;定义并划分失效等级;确定用户的可靠性需求;进行权衡研究;确定可靠性目标值。

(2)设计和实现阶段的软件可靠性工程活动:分配组件的可靠性;管理产品使其满足可靠性目标;基于功能剖面分配资源;管理缺陷的引入和传播;测量重用软件的可靠性。

(3)测试阶段的软件可靠性工程活动:确定运行剖面;进行可靠性增长测试;跟踪测试进程;预计还要进行的测试量;验证可靠性目标值是否满足要求。

(4)交付后和使用维护阶段的软件可靠性工程活动:预计售后人员的需求量;监控现场使用可靠性,并和目标值进行比较;跟踪用户的可靠性满意程度;安排引入新的软件特性;指导软件产品和过程的改进。

3.2.6　影响软件可靠性的因素

软件不可靠的根本原因是软件中存在着缺陷或错误,而软件错误的产生,除了软件本身的特性和人的因素外,与软件工程管理等密切相关。

从技术角度来看,影响软件可靠性的因素主要包括以下九个方面。

(1)运行环境(剖面)。软件可靠性定义相对于运行环境而言,同一软件在不同运行剖面下,其可靠性行为可能极不相同。

(2)软件规模。如果软件只含一条指令,那么谈论软件可靠性问题便失去意义。随着软件规模的增大,软件可靠性问题愈显突出。当我们考虑软件可靠性问题时,软件一般是指中型以上软件(4 000~5 000 条以上语句),这时可靠性问题难以对付。

(3)软件内部结构。软件内部结构一般比较复杂,且动态变化,对可靠性的影响也不甚清楚。但总的说来,结构越复杂,软件复杂度越高,内含缺陷数越多,因此软件可靠性越低。

(4)软件可靠性设计技术。一般是指软件设计阶段中采用的用以保证和提高软件可靠性为主要目标的软件技术,如避错设计、查错设计、纠错设计、容错设计、故障恢复设计等。

(5)软件可靠性测试。为了保证和验证软件的可靠性而进行的可靠性测试,它主要有以下三个作用。

1)实现软件可靠性的有效增长:通过软件可靠性测试暴露出软件中隐藏的缺陷,并进行排错和纠正,软件可靠性会得到增长。

2)用于验证软件可靠性是否满足一定的要求:可以根据用户的可靠性要求确定可靠性验证方案,进行可靠性验证测试,从而验证软件可靠性的定量要求是否得到满足。

3)用于预计软件的可靠性:通过对可靠性增长测试中观察到的失效数据进行分析,可以评估当前软件可靠性的水平,预测未来能达到的水平,从而为软件开发管理提供决策依据。

(6)软件可靠性管理。软件可靠性管理旨在系统管理软件生存期各阶段的可靠性活动,并使之系统化、规范化、一体化,这样就可以避免许多人为错误,提高软件可靠性。

(7)软件开发人员能力和经验。

(8)软件开发方法。软件工程表明,开发方法对软件可靠性有显著影响。与非结构化方法相比,结构化方法可以明显减少软件缺陷数。

(9)软件开发环境。研究表明,程序语言对软件可靠性有影响。譬如,结构化语言 Ada 优于 Fortran 语言。而软件测试工具的优劣会影响测试效果。

思　考　题

1.软件失效与硬件失效的主要区别是什么?

2.软件可靠性模型选择时应该考虑哪些因素?

3.软件为什么会失效? 如何开发可靠的软件?

4.软件可靠性工程是什么? 它的主要研究内容有哪些?

第4章 故障分析技术

可靠性设计和分析的目的绝不仅仅是确定与评价系统及组成单元的可靠性水平,更重要的是提高其可靠性。为此,必须对系统及组成单元的故障(或失效)进行详细的分析。故障分析技术是可靠性分析的重要内容,本章主要介绍几种故障分析技术:故障模式、影响及危害性分析,可靠性框图,事件树分析,故障树分析和因果分析。

4.1 故障模式、影响及危害性分析

故障模式、影响及危害性分析(Failure Mode Effect and Criticality Analysis,FMECA)是开展质量设计、生产及服务使用最广泛的分析方法和有效工具。它依据基本故障判据或重要故障模式对特定单元(元件、部件、分系统等)进行分析。它从基本单元的故障模式和系统功能出发,确定单元故障与系统状态之间的关系。所谓系统状态是指系统故障、系统不能工作、系统工作受到限制、系统性能下降或性能完整度受到破坏等。除了对基本单元进行故障分析外,还要对更高层的系统功能故障以及所能考虑的继发性事件进行分析。

FMECA 概述

国标 GB/T 3187—1982 中将 FMECA 定义为在系统设计过程中,通过对系统各组成单元潜在的各种失效模式及其对系统功能的影响与产生后果的严重程度进行分析,提出可能采取的预防改进措施,以提高产品可靠性的一种设计分析方法。

FMECA 是分析系统中每一个单元所有可能的故障模式及其对整个系统所有可能的影响,并按每一个故障模式的危害程度及其发生概率予以分类的一种归纳分析方法,如图4-1所示。FMECA 通过分析产品的所有可能的失效模式,来确定每一种失效对产品的安全、性能等要求的潜在影响,并按照其影响的严重程度及其发生的概率对失效模式加以分类,鉴别设计上的薄弱环节,以便采取适当的措施,消除或减轻这些影响。FMECA 是产品可靠性工程中的重要分析方法之一,可进行定性分析,也可进行一定的定量分析。

FMECA 的目的是确定对系统的故障或人员安全有危害性影响的故障模式及其等级,为系统中监控子系统或内部自检的配置和设计提供依据,为系统的各种故障的定量分析提供信息,为优选方案提供参考。FMECA 的任务是理清系统的可靠性逻辑关系;归纳推理分析故障模式的影响及后果;判断故障模式的严重等级;估计故障模式严重等级发生的概率;

估计相应的危害度;提出消减故障的改进措施及维修检测方法、维修措施和维修方式。

图 4-1　FMECA 分析方法

FMECA 表示故障模式、影响及危害性分析,包括故障模式分析(Failure Mode Analysis,FMA)、故障影响分析(Failure Effect Analysis,FEA)和危害性分析(Criticality Analysis,CA)三部分内容(见图 4-2)。故障模式分析 FMA 和故障影响分析 FEA 综合为故障模式及影响分析(Failure Mode and Effect Analysis,FMEA);而故障模式及影响分析 FMEA 和危害性分析 CA 综合为故障模式、影响及危害性分析 FMECA。

图 4-2　FMECA 的组成

故障模式及影响分析 FMEA 是对系统各组成部分、元件进行分析的重要方法。系统的子系统在运行过程中会发生故障,查明各类故障对邻近子系统或元件的影响,以及组件对系统的影响,确定消除或控制故障的措施。这种系统安全分析方法属于归纳方法,早期的故障模式及影响分析只能做定性分析,后来在分析中引入了故障发生难易程度的评价和发生的概率,再将之与危害性分析 CA 结合起来,构成故障模式、影响及危害性分析 FMECA。如果确定了每个单元的故障发生概率,就可以确定设备、系统或装置发生的概率,从而定量地描述故障的影响。

4.1.1　基本概念

1.故障

系统、子系统或单元在运行的过程中,由于性能低劣而不能完成规定功能时,称故障发生。

2.故障模式

由不同故障机理显现出来的各种故障现象的表现形式。一个单元或系统可以有多种故障模式,见表 4-1。

表 4-1 故障模式类型

故障模式	表现形式
损坏型	疲劳断裂、过载断裂、塑性变形、点蚀等
退化型	化学或电化学腐蚀、积炭、老化等
松脱型	松动、脱焊、打滑等
失调型	间隙不适、张紧力下降、压力不适等
阻漏型	阻塞、漏油、渗水、漏气等
功能型	功率下降、启动困难、参数劣化、制动不灵、分离不彻底等

3. 故障影响

某种故障模式对系统、子系统、单元的操作、功能或状态所造成的影响。

4. 故障等级

根据故障模式对系统或子系统影响的程度不同而划分的等级。

5. 故障严重度

考虑故障所能导致的最严重的潜在后果,并以伤害程度、财产损失或系统永久破坏加以度量。

6. 故障模式及影响分析(FMEA)

根据实际需要分析的水平,把系统分割成子系统或进一步分割成单元,然后逐个分析单元可能发生的故障和故障模式(状态),再分析故障模式对子系统以及整个系统产生的影响,最后采取措施加以解决。

4.1.2 故障模式分析

故障模式分析主要是对当前和以往的故障数据进行统计分析。常用的统计分析方法有主次图法、直方图法。

故障模式分析 FMA

1. 主次图

主次图法又称排列图法、巴雷特图法,是一种分析产品主要故障原因和故障模式的有效方法,反映了"关键的少数和次要的多数"原理,以便集中力量解决主要问题。它由两个纵坐标、一个横坐标、几个按高低顺序依次排列的矩形和一条累积百分比折线所组成。左侧纵坐标表示频数或故障次数等,右侧纵坐标表示频率(百分比表示),横坐标表示要分析的因素(如故障模式、故障原因),用矩形的高度来表示各因素出现的频数,并从左向右按频数的多少从大到小顺序排列,折线表示累积频率(累积百分比)。在主次图中,通常按累积百分数,将各因素根据重要程度分为 A、B、C 三类。

(1)A 类因素:包括在累积频率的 0~80% 范围内的因素,是引起失效的关键因素。

(2)B 类因素:属于累积频率的 80%~90% 范围内的因素,是引起失效的主要因素。

(3)C 类因素:其余在累积频率的 90%~100% 范围内的因素,是引起失效的次要因素。

通过主次图法可以直观找到关键因素,即 A 类因素,通常 A 类因素应为 1～2 个,一般不超过 3 个,并且 A 类因素是分析研究的重点。

【例 4-1】　现有 190 次发动机故障的统计表见表 4-2。

表 4-2　发动机故障数据表

序　号	故障原因	故障次数	故障频率/(%)	累积相对故障率/(%)
1	润滑系统	86	45.3	45.3
2	发动机主体	42	22.1	67.4
3	主燃油系统	26	13.7	81.1
4	助力燃油系统	14	7.3	88.4
5	启动系统	8	4.2	92.6
6	性能参数	8	4.2	96.8
7	操纵系统	6	3.2	100
总　计		190	100	

根据表 4-2 可作出图 4-3 所示的主次图。

图 4-3　主次图

从图 4-3 可以看出,发动机故障的关键因素为润滑系统(1)、发动机主体(2),主要因素为主燃油系统(3)、助力燃油系统(4),而启动系统(5)、性能参数(6)和操纵系统(7)为发动机故障的次要因素。

2.直方图

直方图法是用来整理数据,找出其规律性的一种常用方法。通过作直方图,可以求出一批数据(一组样本)的样本均值和样本标准差,并根据直方图的形状,初步判断该批数据(样本)的总体大致属于哪类分布。

绘制直方图的步骤如下:

(1)从收集到的数据 $x_1,x_2,\cdots,x_n$ 中,找出其最小值 $a=\min(x_1,x_2,\cdots,x_n)$ 和最大值 $b=\max(x_1,x_2,\cdots,x_n)$。

(2)数据分组。分组数 k 一般由经验公式 $k=1+3.3\lg n$ 确定,则组距 $\Delta=(b-a)/k$。

(3)确定组界与组中值。第 $j(j=1,2,\cdots,k)$ 组的下限值和上限值构成区间为

$$[a+(j-1)\Delta,a+j\Delta)$$

该组的中值 $t_j(j=1,2,\cdots,k)$ 为

$$t_j=\frac{[a+(j-1)\Delta]+(a+j\Delta)}{2}=a+(j-\frac{1}{2})\Delta$$

(4)统计落入各组的频数 n_j,计算相应的频率 $f_j=n_j/n(j=1,2,\cdots,k)$。

(5)计算样本均值和样本标准差:

$$\bar{t}=\frac{1}{n}\sum_{j=1}^{k}n_jt_j=\sum_{j=1}^{k}f_jt_j$$

$$s=\sqrt{\frac{1}{n-1}\sum_{j=1}^{k}n_j(t_i-\bar{t})^2}$$

(6)绘制直方图。

1)频数直方图:纵坐标为频数 n_j,横坐标为故障影响因素的组界[见图 4-4(a)]。

2)频率直方图:将各组频率 f_j 除以组距 Δ,以 f_j/Δ 为纵坐标,横坐标为故障影响因素的组界。当样本量增大、组距缩小时,直方图矩形中点的连线可作为密度函数的近似[见图 4-4(b)]。当各组组距相同时,产品的频数直方图和频率直方图的形状相同,区别在于纵坐标的数值。

3)累积频率直方图:以累积频率 $F_j=\sum_{k=1}^{j}f_j=\frac{1}{n}\sum_{k=1}^{j}n_j$ 为纵坐标,横坐标为故障影响因素的组界。当样本量增大、组距缩小时,直方图矩形中点的连线可作为累积分布函数的近似[见图 4-4(c)]。

图 4-4 直方图
(a)频数直方图;(b)频率直方图

续图 4-4 直方图

(c)累积频率直方图

4.1.3 故障模式及影响分析

20 世纪 50 年代,由于美军战斗机的油压装置与电气装置的可靠性不高,导致事故频发,造成机毁人亡的严重事故。Grumman 飞机公司在研制飞机主操纵系统时,首次将故障模式及影响分析 FMEA 的概念引入飞机主操纵系统的失效分析,取得了良好的效果。NASA 在 1963 年发布"NPC 250-1"可靠性计划时,明确规定在设计审查时必须应用 FMEA 技术,并将其用于太空推进技术。美军于 1974 年出台了美军标 MIL-STD-1629,应用 FMEA 技术并沿用至今。

20 世纪 60 年代后期,FMEA 主要用于评估航天工业中系统部件的可靠性和安全性。20 世纪 80 年代后期,FMEA 应用于福特汽车的制造和组装过程。随着 FMEA 方法广泛应用于航空、航天、舰船、兵器等军用系统的研制,它也逐渐渗透到机械、汽车、医疗设备等民用工业领域,并取得了显著的效果。1985 年,国际电力委员会(IEC)出版了关于系统可靠性的 FMEA 技术标准,扩展至电子、机械、软件和人员。1993 年,美国汽车业的品质系统 QS9000,将 FMEA 应用于设计及过程管理控制中,同时欧盟的 CE 标志认证也利用 FMEA 进行安全风险分析。

目前,FMEA 已经被广泛应用于太空、航空、国防、汽车、电子、机械、造船等行业,甚至被用于服务业中,具体包括用于银行规避风险决策分析,环境管理的风险分析,系统安全设计,医疗器械、资源回收系统等的风险分析,等等。FMEA 方法经过长时间的发展和完善,已经获得了广泛的应用和认可,成为在系统研制中必须完成的一项可靠性分析工作。

1.故障模式及影响分析的特点及任务

FMEA 可以有效地辨识出所有的故障模式及其影响,指出如何消除故障模式或减轻故障模式的影响,使设计更加安全可靠。除了提高质量和安全性以外,FMEA 还具有很多优势,例如:FMEA 优化了产品及过程,增加了顾客满意度;对于故障修复、故障容错以及故障检测和隔离,可以较早地诊断;基于引起产品失效的可能性,更有效地测试生产计划;在原型和产品开发制造阶段,尽可能减少耗费大的工程修改;等等。FEMA 在解决设计的薄弱环

节及生产和产品服务中易出错的地方,具有重要的作用。FEMA 的优越性体现在以下几点:

(1)不仅对系统的各个单元的故障进行分析,而且对其影响进行分析,有重点地解决安全问题。

(2)适用于系统危险性分析的各个阶段。

(3)既可以应用于简单系统,又可以用于复杂系统的分析。

在具有上述优越性的同时,FMEA 只考虑了非并发性的故障模式。在 FMEA 分析中,每个故障模式被认为是相互独立的,即假定系统的所有其他元件或构件是按照设计运行的。因此,FMEA 只能提供有限的分析,而没有考虑多个部件失效对系统功能的影响、潜在故障的表现形式(时间、顺序等)及对冗余产品的影响等异常行为。

FMEA 的基本任务包括以下几点:

(1)找出功能故障的主要原因、故障发生的特定条件,为发现、消除故障及预防性维修工作提供科学依据。

(2)确定功能故障的主要失效模式,即故障后果程度和故障发生频率较高的故障。

FMEA 一般可用于产品的研制、生产和使用阶段,特别应在研制、设计的各个阶段中采用,FMEA 是一种用来确定潜在失效模式及其影响的分析方法。FMEA 本质上是一种定性的逻辑归纳推理的方法,自下而上地研究下一级零部件的故障对上一级系统或子系统的影响。通过 FMEA 可以找出设计中的缺陷和可靠性薄弱环节,特别是故障率高的单点故障,采取补救或改进措施。

2.故障模式及影响分析的分析过程

FMEA 实施的过程就是填表的过程,见表 4-3,其具体的填写过程如下:

(1)栏填写分析对象在设计图或可靠性框图中的编号。

(2)栏填写分析对象的名称。

(3)栏填写功能。

(4)栏填写故障模式,要列举出所有可能发生的故障模式。

(5)栏填写故障模式发生的原因。

(6)栏中故障的影响包括对系统功能的影响、对系统完整性的影响以及对人员与环境的影响。

(7)栏中填写故障模式的故障等级。

表 4-3 FMEA 的基本格式

系统: 子系统:	FMEA				分析者: 审核者:			页
(1)编号	(2)对象名称	(3)功能	(4)故障模式	(5)故障原因	(6)影响		(7)故障等级	(8)备注
					子系统	系统		

图 4-5 为故障模式及影响分析的步骤程序。

图 4-5　故障模式及影响分析的步骤程序

3.应用实例

【例 4-2】　空气压缩机储气罐的故障模式及影响分析。

空气压缩机是在土木工程的道桥工程、地下工程等施工时常用的动力设备,储气罐属于一种易出事故的高压容器。表 4-4 给出了空气压缩机储气罐的故障模式及影响分析结果。

表 4-4　空气压缩机储气罐的故障模式及影响分析

组成元素	故障类型	故障原因	故障影响	故障识别	校正措施
罐体	轻微漏气	接口不严	能耗增加	漏气噪声、空气压缩机频繁打压	加强维修保养
	严重漏气	焊接裂缝	压力迅速下降	压力表读数下降、巡回检查	停机维修
	破裂	材料有缺陷、受冲击等	压力迅速下降,损伤人员、设备	压力表读数下降、巡回检查	停机维修
安全阀	漏气	接口不严、弹簧疲劳	能耗降低,压力下降	漏气噪声、空气压缩机频繁打压	加强维修保养
	错误开启	弹簧疲劳折断	压力迅速下降	压力表读数下降、巡回检查	停机维修
	不能安全泄压	由锈蚀污物造成	超压时失去安全功能,系统压力迅速提高	压力表读数上升、阀门检验	停机检查更换

【例 4-3】　民用运输机起落架系统故障分析。

(1)背景资料:中国民航四川省航空公司维护信息统计,起落架系统故障约占飞机总故障的 7.2%,其中 2% 左右的故障引起重大事件。波音公司提供的事故和征候统计表明,起落架故障占 15%~17%。空客公司提供的事故和征候统计表明,起落架故障占 12.1%。

(2)以波音飞机起落架故障类型为例,进行故障模式影响分析。

首先,找出起落架的故障分布和故障类型。起落架的故障分布主要在构件损伤、轮胎组件、收放系统、前轮转弯系统和刹车系统等方面。其中构件主要指结构受力件,如起落架舱门拉杆、摇臂、锁钩、扭力臂接耳、连接螺栓、起落架支柱外筒、动作筒接头等。表 4-5 给出了故障分布和故障类型。

表 4 - 5　故障分布和故障类型

故障分布	构件损伤	轮胎组件	收放系统	前轮转弯系统	刹车系统
故障类型 %	构件断裂 (24.6)	轮胎爆裂 (14.9)	着陆放不下 (3.7)	操纵失效 (9.0)	刹车起火 (6.0)
	构件松脱 (5.2)	胎面分离 (13.4)	接地收起 (3.0)	机轮摆动 (3.0)	机轮卡滞 (0.7)
	构件磨损 (2.2)	组件脱落 (8.2)	离地收不上 (1.5)	其他 (4.5)	

然后,针对每一个故障类型分别进行故障影响分析,见表 4 - 6。

表 4 - 6　故障类型的影响分析

组成元素	故障类型	故障原因	故障影响	故障识别	校正措施
收放系统 作动筒接头	漏油	压力波动 热胀冷缩	接头疲劳破 损发生事故	维修	使用更好的材料, 缩短更换时间
轮速传 感器	工作不 正常	电子插件、线路 环境适应性差	防滞系统故障	维修	使用更好的材料

4. FMEA 的故障等级

(1)故障严重度。考虑故障所能导致的最严重潜在后果,常以伤害程度、财产损失或系统永久破坏加以度量。对于严重度的描述见表 4 - 7。

表 4 - 7　严重度的描述

类　别	名　称	描　　述
Ⅰ类	灾难的	引起人员死亡或系统(如飞机、坦克、船舶等)毁坏的故障
Ⅱ类	致命的	引起人员的严重伤害、重大经济损失或导致任务失败的系统严重损坏
Ⅲ类	临界的	引起人员的轻度伤害、一定的经济损失或导致任务延误或降级的系统轻度损坏
Ⅳ类	轻度的	不足以导致人员伤害、经济损失或系统损坏的故障,但会导致非计划维修或维护

故障等级:根据故障类型对系统或子系统影响程度的不同而划分的等级。严重度对应 FMEA 中的故障等级,它是用来反映故障模式重要程度的综合指标。通常是采用相对评分法决定其等级,如以故障发生频度为重点的评分法和综合考虑多种因素的综合评分法。

1)以故障发生频度为重点的评分法。第 i 单元在规定时间内执行任务时各种故障发生的总次数为 n_i,第 j 类故障模式发生的次数为 n_{ij},则第 i 单元的第 j 类故障模式的发生频度 a_{ij} 为

$$a_{ij} = n_{ij}/n_i \tag{4.1}$$

2)综合评分法。表 4 - 8 列出了故障模式的评定因素及其评分范围,按此表逐项评分,然后按下式计算综合分:

$$C_S = \left(\prod_{i=1}^{m} C_i \right)^{1/m} \tag{4.2}$$

式中:C_S 为故障模式的综合评分($1 \leqslant C_S \leqslant 10$);$C_i$ 为第 i 项评定因素的评分($1 \leqslant C_i \leqslant 10$),故障越严重评分越高;$m$ 为评定因素的总项数(表 4-8 中,$m=5$)。

表 4-8　故障等级与致命度系数评分

	综合评分法	致命度系数法	
	评分 C_i	程度	系数 F_i
1.故障对功能的影响及后果	1~10	致命的损失	5.0
		相当大的损失	3.0
		丧失功能	1.0
		不丧失功能	0.5
2.故障对系统的影响范围	1~10	两个以上重大影响	2.0
		一个重大影响	1.0
		无太大影响	0.5
3.故障发生频度	1~10	发生频度高	1.5
		有发生的可能性	1.0
		发生的可能性很小	0.7
4.故障防止的可能性	1~10	不能防止	1.3
		可能防止	1.0
		可容易地防止	0.7
5.更改设计的程度	1~10	须作重大改变	1.2
		须作类似设计	1.0
		同一设计	0.8

再按照表 4-9 来确定故障等级。

表 4-9　故障等级与 C_S 值的关系

故障等级	I	II	III	IV
C_S	7~10	5~7	2~5	<2

(2)故障模式致命度。致命度是用来衡量特定故障模式破坏力大小的指标,一般致命度跟故障发生频度与故障影响有关,致命度指标可以用来评估特定故障模式的发生频度以及故障对上层系统的安全性、经济性和环境的影响。故障模式致命度的计算方法有很多,如致命度指数法、致命度系数法、危险优先系数法(RPN)和危险数法(RN)等。

1)致命度系数法。根据表 4-8,确定 5 种评定因素的致命度分项系数 F_i 的数值,然后再按照下式计算该故障模式的致命度系数 C_F,C_F 值越高,故障模式的致命度越高。

$$C_F = \prod_{i=1}^{5} F_i \tag{4.3}$$

2)危险优先系数法(Risk Priority Number,RPN)。采用风险顺序数 RPN,进行风险评

估，在 QS9000 中 FMEA 中考虑以下 3 个风险因子计算 RPN，分别为

A. 严重度（effect severity ranking，S）：评价故障后果的指标。

B. 发生度（occurrence probability ranking，O）：故障发生的可能性指标。

C. 检测度（detection difficulty ranking，D）：检测出故障的难易程度。

风险顺序数 RPN 为

$$RPN = SOD \qquad (4.4)$$

在故障严重程度或致命度分析完成后，应根据故障等级或致命度大小挑出那些严重的故障模式列成关键项目表，并认真考虑改进措施。所提出的改进措施一经认可，则应由有关的部门贯彻实施。

【例 4-4】 柴油机燃料系统（见图 4-6）的 FMEA 分析。

图 4-6 柴油机燃料系统示意图

1—燃料箱；2—止回阀；3—过滤器；4—燃料泵；5—油管；6—柱塞；

7—止回阀；8—高压油管；9—钢阀；10—喷嘴；11—齿轮；12—轴承；

13—驱动轴；14—凸轮；15—凸轮轴 16—弹簧；17—调速器；

18—杆；19—齿条；20—小齿轮；21—气缸

(1)系统的功能。燃料借助重力，由燃料箱流向燃料泵，并按照规定时间间隔喷射至气缸内（曲轴转两转喷一次）。

(2)功能块划分为燃料供给系统、燃料压送系统、燃料喷射系统、驱动系统、调速系统。

(3)可靠性框图，如图 4-7 所示。

(4)将分析水平降到组件一级。

图 4 - 7　柴油机燃料系统的可靠性框图

(5)FMEA 的实施。对柴油机燃料系统中各单元进行 FEMA 分析,列出 FEMA 列表,其中部分单元的 FEMA 分析见表 4 - 10。

表 4 - 10　部分燃油系统的 FMEA 列表

编　号	名　称	故障模式	发生原因	影　响		故障等级
				燃料系统	发动机	
1.1	燃料箱	泄露	裂缝 材料缺陷 焊接问题	功能不全	运转时间短 火灾可能性	Ⅱ
		有杂物	维护不良 材质不良	功能不全	运转有问题	Ⅱ
1.2	止回阀	泄露	密封垫缺陷 污染 加工不佳 组装不好	功能不全	运转时间短 火灾可能性	Ⅱ
		不能关	污染 阀座表面磨损 加工不良	不起作用	停机有问题	Ⅲ
		不能开	污染 阀座卡住 加工不良	功能不全	不能运转	Ⅰ
1.3	过滤器	网孔堵塞	维护不好 燃料不好 过滤机构不好	功能不全	运转有问题	Ⅱ
		溢流	结构缺陷 维护不好	功能不全	运转有问题	Ⅱ
1.4	燃料泵	膜片缺陷	有孔、受伤、 组装不良	不起作用	不能运转	Ⅰ

(6)将所有Ⅰ级故障模式集中列入关键项目表,见表 4 - 11,并寻找对策。

(7)提出改进策略。解决污染问题,可以考虑增加过滤器;解决材料的缺陷、堵塞、泄露等问题,可以更换合适的材料,并定期维护、保养等。

表 4-11　燃油系统的关键项目表

编　号	名　　称	故障模式	故障等级	影　响
1.2	止回阀	不能开	I	
1.4	燃料泵	膜片缺陷	I	
		膜不动作	I	
1.5	油管	接头破损	I	
2.1	柱塞	卡住	I	
2.2	止回阀	不能开	I	发动机不能运转
2.3	高压油管	接头破损	I	
3.1	针阀	卡住	I	
4.1	齿轮	不能传动	I	
4.2	轴承	卡住	I	
4.3	驱动轴	断裂	I	
5.1	调速器	波动	I	

4.1.4　危害性分析

将故障模式及影响分析 FMEA 和危害性分析 CA 相结合,称为故障模式、影响及危害性分析 FMECA。这种方法在分析时,首先进行故障模式影响分析,然后再根据分析结果,输入各种故障的危害度指标,进行定量的危害性分析。危害性分析的目的在于定量地评价各组成元件故障模式的危险程度。

危害性分析的目的是按每一故障的严重程度及该故障模式发生的概率所产生的综合影响来对其分类,以便全面评价各故障模式的影响。危害性分析包括定性和定量分析。定性分析是指划分故障模式的危害度等级,并绘制危害度矩阵;定量分析是计算故障模式危害度 C_m 和产品危害度 C_r,并填写危害度分析表。

危害性分析

1.定性分析

在得不到产品技术状态数据或故障率数据的情况下,可以按照故障模式发生的概率(或频率)来评价 FMEA 中确定的故障模式,将各种故障模式的发生概率(或频率)按规定分成不同的等级,见表 4-12。

危害度矩阵用来确定和比较每一故障模式的危害程度,进而为确定改进措施的先后顺序提供依据。危害度矩阵以严重度等级为横坐标,以故障模式发生概率或危害度为纵坐标,故障模式分布点沿着对角线方向距离原点越远,其危害性越大,越需尽快采取改进措施。图 4-8 所示的危害度矩阵图应作为 FMECA 报告的一部分。

表 4 - 12　危害性分析的定性分析

级　别	名　称	描　述
A 级	经常发生	产品工作期间,该故障模式发生的概率很高,即单一故障模式的发生概率大于产品在此工作期间总故障概率的 20%
B 级	很可能发生	产品工作期间,该故障模式发生的概率为中等,即单一故障模式的发生概率为产品在此工作期间总故障概率的 10%~20%
C 级	偶然发生	产品工作期间,该故障模式的发生是偶然的,即单一故障模式的发生概率为产品在此工作期间总故障概率的 1%~10%
D 级	很少发生	产品工作期间,该故障模式不大可能发生,即单一故障模式的发生概率为产品在此工作期间总故障概率的 0.1%~1%
E 级	极不可能发生	产品工作期间,该故障模式发生的概率几乎为零,即单一故障模式的发生概率小于产品在此工作期间总故障概率的 0.1%

图 4 - 8　危害度矩阵

2.定量分析

在具备产品的技术状态数据和故障数据的情况下,采用定量分析的方法,可以得到更有效的分析结果。

采用单元运行 t 小时发生的故障次数来衡量产品的危险度 C_r,计算公式为

$$C_r = \sum_{j=1}^{n} C_{mj} = \sum_{j=1}^{n} \lambda_p \alpha_j \beta_j t \qquad (4.5)$$

式中:n 为导致系统故障或失效的故障类型数目;C_{mj} 为第 j 种故障模式的危害度;t 为单元的运行时间;λ_p 为故障率,$\lambda_p = \lambda_b \pi_a \pi_e \pi_q$,是基本故障率 λ_b、应用系数 π_a、环境系数 π_e、质量系数 π_q 的乘积;α_j 为故障模式比率,指第 j 种故障模式出现占所有故障模式的百分比;β_j 为故障影响概率,指以第 j 种故障模式发生故障导致产品任务丧失的条件概率,由经验判断

得到,表 4 - 13 给出了 β 的参考值。

表 4 - 13 β 的参考值

影响程度	实际的损失	可预计的损失	可能出现的损失	没有影响
β	$\beta=1.0$	$0.1 \leqslant \beta < 1$	$0 < \beta < 0.1$	$\beta = 0$

4.1.5   小结

FMECA 或 FMEA 是可靠性设计中应用广泛的技术,综合来说,它的优点体现在以下几点:

(1)原理简单,方法简便,既可以进行定性分析,也可以进行定量分析。

(2)适用于产品研制的全过程,对电气、机械、宇航等行业均适用。

(3)可以在一定程度上反映人的因素所引起的失误,可以帮助研究人员将故障及其影响降到最低,从而提高产品的可靠性。

(4) FMECA 或 FMEA 是其他故障分析的基础,可以和其他故障分析方法综合使用,效果更好。

然而,FMECA 或 FMEA 也存在以下一些不足:

(1) FMECA 或 FMEA 工作量大、费时,对于复杂系统的实施较为困难。

(2)可以解决单因素问题,不能考虑共因素问题。

(3)因环境条件而异,结论的通用性较差。

如若针对 FMECA 建立数据库,充分利用计算机统计、检索、分析方法,可以更好地解决工程实际问题。

4.2   可靠性框图

可靠性框图(Reliability Block Diagram,RBD)从可靠性角度来研究系统与部件之间关系的逻辑图,是系统及单元在可靠性意义下连接关系的图形表达,能够表示单元的正常或失效状态对系统状态的影响。可靠性框图利用相互连接的方框来显示系统的失效逻辑,每个方框代表一个单元、子系统或其他部件,方框内一般标明相应的物理名称。

4.2.1   可靠性框图与功能结构图

可靠性框图通常根据表征系统与单元的物理关系或工作关系的工程结构图画出。物理关系和可靠性逻辑关系是两个完全不同的概念,尽管它们之间存在内在的联系。绝不能从工程结构图上去判断系统的类型,要从功能上研究系统的连接类型,分析系统的功能及失效模式,以确保单元逻辑关系的正确性。

可靠性框图

如图 4 - 9(a)所示的功能结构图,如果分析的是短路失效,即只要有一个电容短路,系统就短路,那么它的可靠性框图就是串联连接,如图 4 - 9(b)所示;如果分析的是开路失效,即当两个电容同时失效时,才会引起系统失效,那么它的可靠性框图就是并联连接,如图 4 - 9(c)所示。

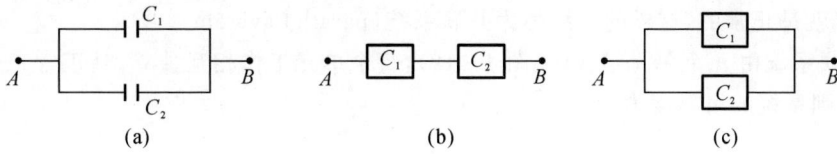

图 4 - 9　功能结构图示例 1 及可靠性框图

如图 4 - 10(a)所示的双开关系统,如果研究的是物料的"流通",那么开关 1 和 2 都实现"开启"功能,系统才能实现物料的"流通",其可靠性框图如图 4 - 10(b)所示;如果研究的是物料的"被截流",那么开关 1 和 2 只要有一个实现"闭合"功能,系统就能实现物料的"被截流",其可靠性框图如图 4 - 10(c)所示。

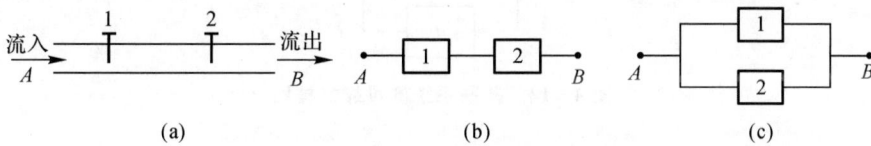

图 4 - 10　功能结构图示例 2 及可靠性框图

4.2.2　典型可靠性框图的可靠性

1. 串联系统的可靠性

当系统中的任意一个单元失效,系统就会失效,或者说当系统中所有单元正常工作时系统是正常的,这样的系统称为串联系统(series system)。

设串联系统由 n 个单元组成(见图 4 - 11),每个单元工作相互独立,其正常工作的概率是 $R_i(t)$,则系统的可靠度为

$$R_S(t) = \prod_{i=1}^{n} R_i(t) \tag{4.6}$$

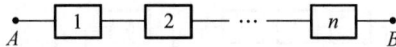

图 4 - 11　串联系统的可靠性框图

式(4.6)表明,在串联系统中,系统的可靠度是各单元可靠度的乘积(各单元相互独立)。因为 $R_i(t) < 1$,所以 $R_S(t) < R_i(t) < 1$,即串联系统的可靠度比系统中任一单元的可靠度都要小。因此,提高最低可靠度单元(薄弱环节)的可靠度效果会更好。

串联的连接结构往往被称作链形结构或最薄弱环结构,系统中单元越多,系统可靠度降低得越明显。串联系统中的单元受到同样的冲击或外载,最低可靠度单元将首先失效,而系统比最薄弱单元还要脆弱。因此,在串联系统中不应有任何特别薄弱的环节,应尽可能由等可靠度单元组成,尽可能简化设计,减少系统的零件数,有助于提高系统的可靠度。

2.并联系统的可靠性

当系统中的所有单元都失效时,系统才会失效,或者说当系统中只要有一个单元能正常工作,系统就是正常的,这样的系统称为并联系统(parallel system)。

设并联系统由 n 个单元组成(见图 4-12),每个单元工作相互独立,其正常工作的概率是 $R_i(t)$,则系统的可靠度为

$$R_S(t) = 1 - \prod_{i=1}^{n}[1 - R_i(t)] \tag{4.7}$$

图 4-12　并联系统的可靠性框图

由式(4.7)可以看出,并联系统的可靠度高于系统中任一单元的可靠度。在单元可靠度一定的情况下,并联的单元越多,系统可靠度越高;当系统可靠度要求一定时,并联单元越多,对单元可靠度要求越低。

串联系统的可靠度低于任一单元的可靠度;并联系统的可靠度高于任一单元的可靠度。因此,提高系统可靠度的一个方法就是增加并联支路,这在设计中称为冗余(redundancy)。实际在并联系统中仅需要并联的某一支路正常运行,如果所有支路单元均处于工作状态,则称这种冗余为工作冗余(active redundancy);如果仅工作单元处于运行状态,其他单元处于备用状态,则称为储备冗余(standby redundancy)。

3.混联系统的可靠性

通常称由串联系统和并联系统混合而成的系统为混联系统。混联系统的化简过程如图 4-13 所示。

图 4-13　混联系统的化简过程

$$R_S(t)=R_{S_3}(t)R_{S_4}(t)R_8(t)$$

其中，$R_{S_3}(t)=1-[1-R_{S_1}(t)][1-R_{S_2}(t)]=1-[1-R_1(t)R_2(t)R_3(t)][1-R_4(t)R_5(t)]$，
$R_{S_4}(t)=1-[1-R_6(t)][1-R_7(t)]$。

常见的混联系统有以下两种：

(1) 串并联系统。串并联系统又称附加单元系统，如图 4-14 所示。每一列作为一个子系统，先求出各子系统的 R_{S_j}，再相乘得到 R_S。

图 4-14　串并联系统

$$R_{S_j}(t)=1-\prod_{i=1}^{m_j}[1-R_{ij}(t)]\quad(i=1,2,\cdots,m_j;j=1,2,\cdots,n)$$

$$R_S(t)=\prod_{j=1}^{n}R_{S_j}(t)=\prod_{j=1}^{n}\{1-\prod_{i=1}^{m_j}[1-R_{ij}(t)]\}$$

当 $m_1=m_2=\cdots=m_n=m$ 且 $R_{ij}(t)=R(t)$ 时，有

$$R_S(t)=\{1-[1-R(t)]^m\}^n$$

(2) 并串联系统。并串联系统又称附加通路系统，如图 4-15 所示。每一行作为一个子系统，先求出各子系统的 R_{S_i}，再求得 R_S。

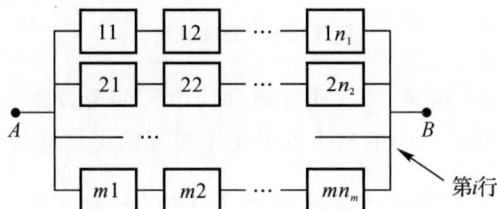

图 4-15　并串联系统

$$R_{S_i}(t)=\prod_{j=1}^{n_i}R_{ij}(t)\quad(i=1,2,\cdots,m;j=1,2,\cdots,n_i)$$

$$R_S(t)=1-\prod_{i=1}^{m}[1-R_{S_i}(t)]=1-\prod_{i=1}^{m}[1-\prod_{j=1}^{n_i}R_{ij}(t)]$$

当 $n_1=n_2=\cdots=n_m=n$ 且 $R_{ij}(t)=R(t)$ 时，有

$$R_S(t)=1-[1-R^n(t)]^m$$

这两种系统的功能是一样的，但可靠度不同，可以证明当采用相同的单元组成这两种系统时，串并联系统（附加单元系统）的可靠度大于并串联系统（附加通路系统）的可靠度。

【例 4-5】　由 4 个单元分别组成串联、并联、串并联、并串联 4 种不同的系统，各单元的

可靠度均为 $R=0.99$，试求这 4 种系统的可靠度分别是多少？

解：

串联系统：

$$R_S=R^4=0.99^4=0.960\ 6$$

并联系统：

$$R_S=1-(1-R)^4=1-(1-0.99)^4=0.999\ 999\ 99$$

串并联系统：

$$R_S=[1-(1-R)^2]^2=[1-(1-0.99)^2]^2=0.999\ 8$$

并串联系统：

$$R_S=1-(1-R^2)^2=1-(1-0.99^2)^2=0.999\ 6$$

结论：并联系统＞串并联系统＞并串联系统＞串联系统，这一结论具有普遍性。

4.表决系统的可靠性

由 n 个单元组成的系统中，若至少有 $k(1\leqslant k\leqslant n)$ 个单元正常工作，则系统正常，这样的系统称为 n 中取 k 的表决系统，一般记为 $k/n(G)$。当 $k=1$，即 $1/n(G)$ 为并联系统；当 $k=n$，即 $n/n(G)$ 为串联系统。表决系统的特征：n 个单元中只要有 $k(1\leqslant k\leqslant n)$ 个单元正常工作，系统就能正常工作，如图 4-16 所示。

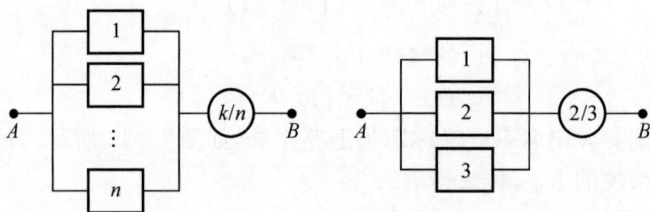

图 4-16 表决系统

当组成系统的 n 个单元相同（独立同分布）时，单元的失效数 X 服从二项分布，系统的可靠度为失效数 X 不大于 $(n-k)$ 的概率。若每个单元的可靠度为 R_0，则

$$R_S=P(X\leqslant n-k)=\sum_{i=0}^{n-k}C_n^i(1-R_0)^iR_0^{n-i} \tag{4.8}$$

图 4-16 中的 2/3 表决系统等价为图 4-17 所示的并串联系统。

图 4-17 2/3 表决系统的等价形式

【例 4-6】 两种飞机，一种为四台发动机，一种为两台发动机，假设各发动机的故障概率相等，且故障相互独立，若使飞机能够正常飞行，至少需半数发动机正常工作，试求两种飞机因发动机故障而发生事故的概率，并进行比较。

解：本题为 n 中取 $n/2$ 的表决系统，设每台发动机的故障概率均为 q，利用二项分布可得飞机因发动机故障而发生事故的概率为发动机故障数 $X > n/2$ 的概率，即

$$F_n = P(X > n/2) = \sum_{k=[n/2+1]}^{n} C_n^k q^k (1-q)^{n-k} \quad （注：[\cdot] 表示向上取整）$$

则四台发动机的飞机故障概率为

$$F_4 = 4q^3 - 3q^4$$

两台发动机的飞机故障概率为

$$F_2 = q^2$$

比较 F_2 和 F_4 可知，当 $q < 1/3$ 时，$F_4 < F_2$；反之，$F_4 > F_2$。由此可以看出，过多的储备不一定提高系统的可靠性。但是，由于 $q > 1/3$ 的可能性在飞机发动机中几乎不存在，所以一般是四台发动机的飞机故障概率小。

4.3　事件树分析

一起故障的发生，是许多原因事件相继发生的结果，其中一些事件的发生是以另一些事件发生为条件的，而一些事件的发生会引发另一些事件的发生，即在事件的发生顺序上，存在着因果的逻辑关系。事件树分析方法（Event Tree Analysis，ETA）是一种时序逻辑的事故分析方法。事件树分析起源于决策树分析，是一种序列树型，它是一种按照故障发展顺序，由初始事件开始推断可能的后果，从而进行系统可靠性分析的方法。

事件树分析 ETA

4.3.1　基本概念

事件树分析的过程是以所研究的易于出现的故障的最初原因作为一个初始事件，找出与其相关的后续事件，分析这些后续事件的安全或危险、成功或失败、正常或故障的两种对立状态，分别逐级推进，直至分析到系统故障为止。由于这一分析过程是用一棵树状的图形直观表述的，所以称之为事件树。

初始事件是指在一定条件下能造成系统故障的最初的原因事件，后续事件是指出现在初始事件之后的一系列造成系统故障的其他原因事件。

事件树分析是一种归纳分析方法。它不仅可以用于事先预测系统故障，预计故障的可能后果，为采取预防措施提供依据，而且可以用于故障或事故发生后的分析，找出原因。这种方法既可以定性地了解整个事件的动态变化过程，也可以定量地计算出各阶段的概率，最终了解故障发展过程中各种状态的发生概率，是一种直观方便、适用性强的分析方法。

事件树分析从初始到结束，从下向上进行分析，即从原因→危险源，是一种归纳的分析方法；第 4.4 节即将介绍的故障树分析是从事故到初始原因，从上向下进行分析，即从危险源→原因，是一种演绎的分析方法。图 4-18 给出了事件树和故障树的区别。

图 4 - 18　事件树和故障树的区别

4.3.2　事件树分析的特点

(1)有利于辨识系统中存在的危险源。

(2)可以直观地看出事件发展的整个过程和发展的途径。

(3)可以直观地提出改进的措施。

(4)可以进行定性分析和定量计算。

(5)对于复杂的系统不适用,尤其是相互影响的系统。

4.3.3　事件树分析的步骤

事件树分析的基本内容是通过编制事件树,找出系统中的危险源和导致事故发生的连锁关系,采取预防措施,图 4 - 19 给出了分析的步骤。

图 4 - 19　事件树分析的步骤

事件树分析包括以下 4 个方面的内容:

(1)确定系统及其主要因素,明确分析对象和范围。

(2)确定初始事件。

(3)根据事件的发展方向和成败两种状态,建造事件树。

(4)根据初始事件和各环节后续事件的发生概率,进行定量分析。

4.3.4　事件树图的编制及其表示形式

事件树图的绘制是根据系统简图由左至右进行的。其具体做法是将系统中各个事件按照完全对立的两种状态(如成功、失败)进行分支,然后把事件依次连接成树形,最后再与表示系统状态的输出连接起来。在表示各个事件的节点上,一般表示成功事件的分支向上,表示失败事件的分支向下。每个分支上标注字母及其发生的概率,最后求出它们的积或和,作为系统的可靠度。

图 4-20 给出了事件树图的表示形式,可以看出,中间事件的安全、成功、正常等状态均用英文字母表示,而中间事件的危险、失败、故障等状态均在英文字母上部加一横杠表示,即逆事件。

初始事件	后续事件状态	后续事件状态	后续事件状态	最终结果
			C	S_1 事故
		B	$\overline{C}$	S_2 事故
A		$\overline{B}$		S_3 事故
			D	S_4 事故
$\overline{A}$			$\overline{D}$	S_5 事故

图 4-20　事件树图的表示形式

4.3.5　事件树的定性和定量分析

1.定性分析

找出发生故障的途径、类型以及预防故障发生的对策。

(1)找出连锁关系。事件树的各分支代表初始事件一旦发生其可能的发展途径,连锁关系中包含初始事件和后续事件之间的"逻辑与"的关系。从图 4-20 中可以看出:S_1 和 S_4 为无故障的连锁关系;S_2、S_3 和 S_5 为发生故障的连锁关系,应采取措施。

(2)找出预防故障发生的途径。成功连锁越多,系统越安全;成功连锁中事件越少,系统越安全。由于事件树反映了事件之间的发展顺序,所以应当尽可能从最先发挥作用的安全功能着手。

2.定量分析

根据每个事件发生的概率,计算各途径的故障发生概率,比较各途径概率值的大小,作出故障发生的可能性序列,进而确定最易发生故障的途径。一般仅考虑各事件之间相互独立时的定量分析。

若给出初始事件和每个中间环节事件的两种不同状态的概率值,则可以根据事件树中的各连锁关系,计算该结果发生的概率。例如,根据图 4-20 中事件树的定量分析过程如下所示。

(1)已知各中间事件安全(或成功、正常)的概率分别为 $P(A)$、$P(B)$、$P(C)$、$P(D)$,则中间事件危险(失败、故障)的概率分别为 $P(\overline{A})$,$P(\overline{B})$,$P(\overline{C})$,$P(\overline{D})$。

(2)各连锁关系(发生途径)的发生概率分别表示为

$$P(S_1)=P(A)P(B)P(C)$$

$$P(S_2)=P(A)P(B)P(\overline{C})$$

$$P(S_3)=P(A)P(\overline{B})$$

$$P(S_4)=P(\overline{A})P(D)$$

$$P(S_5)=P(\overline{A})P(\overline{D})$$

(3)所研究系统发生故障的概率为

$$\overline{P}=P(S_2)+P(S_3)+P(S_5)$$

(4)所研究系统不发生故障的概率为

$$P=P(S_1)+P(S_4)$$

4.3.6 应用实例

【例 4-7】 串联物料输送系统的事件树分析。

一台泵和两个串联阀门组成的物料输送系统示意图如图 4-21 所示。

图 4-21 串联物料输送系统示意图

设串联系统中,输送泵 A、阀门 B 和 C 能正常运行的概率分别为 $0.95,0.90,0.90$,输送泵 A、阀门 B 和 C 不能正常运行的概率分别为 $0.05,0.10,0.10$。试对该串联物料输送系统进行事件树分析。

解:(1)首先,分析串联物料输送系统发生故障的初始事件和中间事件以及它们之间的连锁关系,并建立事件树图。A、B、C 都有正常和失效两种状态,它们之间的连锁关系可以用事件树图表示,如图 4-22 所示。

图 4-22 串联物料输送系统的事件树图

(2)确定定量关系。

系统能正常运行的连锁关系只有 S_1,其概率值为

$$P(S_1)=P(A)P(B)P(C)=0.95\times0.9\times0.9=0.769\ 5$$

即能正常运行的概率为 $P=0.769\ 5$。

系统不能正常运行的连锁关系有 S_2,S_3,S_4,其概率值为

$$P(S_2)=P(A)P(B)P(\overline{C})=0.95\times0.9\times0.1=0.085\ 5$$

$$P(S_3)=P(A)P(\overline{B})=0.95\times0.1=0.095$$

$$P(S_4)=P(\overline{A})=0.05$$

即不能正常运行的概率为

$$\overline{P}=P(S_2)+P(S_3)+P(S_4)=1-P=0.230\ 5$$

【例 4-8】　并联物料输送系统的事件树分析。

一台泵和两个并联阀门组成的物料输送系统示意图如图 4-23 所示。

设并联系统中,输送泵 A、阀门 B 和 C 能正常运行的概率分别为 0.95,0.90,0.90,输送泵 A、阀门 B 和 C 不能正常运行的概率分别为 0.05,0.10,0.10。试对该并联物料输送系统进行事件树分析。

图 4-23　并联物料输送
系统示意图

解:事件树如图 4-24 所示。

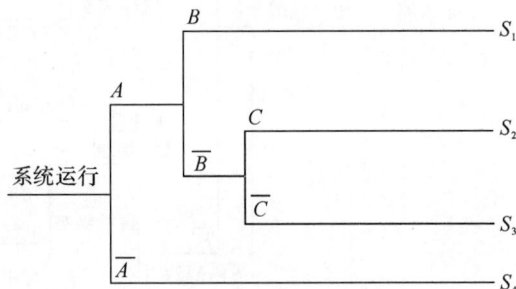

图 4-24　并联物料输送系统的事件树图

系统能正常运行的连锁关系有 S_1 和 S_2,其概率值为

$$P(S_1)=P(A)P(B)=0.95\times0.9=0.855$$

$$P(S_2)=P(A)P(\overline{B})P(C)=0.95\times0.1\times0.9=0.085\ 5$$

即能正常运行的概率为

$$P=P(S_1)+P(S_2)=0.940\ 5$$

系统不能正常运行的连锁关系有 S_3,S_4,其概率值为

$$P(S_3)=P(A)P(\overline{B})P(\overline{C})=0.95\times0.1\times0.1=0.009\ 5$$

$$P(S_4)=P(\overline{A})=0.05$$

即不能正常运行的概率为

$$\overline{P}=P(S_3)+P(S_4)=1-P=0.059\ 5$$

从上述两例可以看出,阀门并联物料系统的可靠度比阀门串联时要大得多。

【例 4 - 9】 氯磺酸罐发生爆炸事故的事件树分析。

某工厂有 4 台氯磺酸贮罐,其中 2 台的紧急切断阀失灵需要检修,检修程序步骤如下:

(1)将罐内氯磺酸罐移至其他罐。

(2)将水徐徐注入,使残留的氯磺酸罐分解。

(3)氯磺酸罐全部分解,且烟雾消失以后,往罐内注水至满罐为止。

(4)静置一段时间后将水排出。

(5)打开检修盖,检修人员进入罐内检修。

可是在这次检修时,安全科长为了争取时间,在第 3 项任务未完成的情况下,水未排净就命令工人去开启检修盖。由于检修盖螺栓锈死,检修工人用电气切割时,火花引发爆炸,负责人和两名检修工当场死亡。绘制该事故的事件树,如图 4 - 25 所示。

图 4 - 25　氯磺酸罐爆炸事故的事件树图

4.4　故障树分析

　　1961 年,美国贝尔电话研究所的维森(Watson)首创故障树分析(Fault Tree Analysis,FTA),应用于研究民兵式导弹发射控制系统的安全性评价中,用它来预测导弹发射的随机故障概率。之后,美国波音公司的哈斯尔(Hassl)对这种方法做了重大改进,采用电子计算机进行辅助分析和计算,从而对飞机设计系统进行风险概率评价。1974 年,美国原子能委员会应用FTA 对商用核电站进行了风险评价,发表了拉斯姆逊报告(Rasmussen Report),引起世界各国的关注。

故障树分析概述

　　故障树分析是安全系统工程中常用的一种分析方法。这种方法将系统可能发生的某种故障与导致故障发生的各种原因之间的逻辑关系用树形图的方式表示出来,通过对故障树的定性和定量分析,找出故障发生的主要原因,为确定安全对策提供可靠依据,达到预防和控制故障发生的目的。

4.4.1　故障树分析的基本概念

　　故障树(或称事故树)分析是一种系统安全工程中广泛应用的重要的安全分析方法。故障树的理论依据是系统工程的图论和布尔代数的逻辑关系。"树"的分析技术属于系统工程的图论范畴,是一个无圈的连通图。故障树是利用布尔逻辑关系从结果到原因,表示事故发生过程的逻辑树图。

　　故障树分析方法可以形象地反映故障发生的因果关系,既可以用于系统故障发生后的原因分析,又可以用于系统危险性评价与辨识;既可以定性分析,也可以定量分析。由于这种分析方法具有形象直观、思路清晰、逻辑性强以及适用性好等特点,所以得到了广泛的应用。目前,这种方法已进入电子、电力、化工、机械、交通等领域,并用于故障诊断,分析系统的薄弱环节,指导系统的安全运行和维修,实现系统的优化设计。

4.4.2　故障树分析的特点

1. 故障树分析的优点

　　(1)该分析方法是一种图形演绎方法,是故障事件在一定条件下的逻辑推理方法。围绕故障做层层分析,便于找出系统的薄弱环节,因此,可以清晰地反映故障之间的因果连锁关系,便于危险源的控制。

　　(2)这种方法具有很大的灵活性,不仅可以分析某些单元故障对系统的影响,还可以对特殊原因,如人为原因、环境影响等进行分析,应用领域广泛。

　　(3)可以定量计算复杂系统发生故障的概率,为改善和评价系统安全性提供定量依据。

2. 故障树分析的缺点

　　(1)该分析方法需要花费大量人力、物力、时间。

　　(2)对于复杂系统,建树过程复杂,难度大,难免发生遗漏。

　　(3)这种方法是基于布尔代数的逻辑关系,只考虑{0,1}状态的事件,由于大部分系统存在局部正常、局部故障等状态,所以在建立数学模型时,可能会有误差。

　　(4)在考虑人为因素的影响时,比较难量化。

4.4.3　故障树分析的步骤

故障树分析的大致过程为首先考虑研究系统发生故障的条件,分析可能导致的灾害性后果,按原因逻辑关系的先后顺序绘成树状图,而后进行定性和定量分析。故障树分析的具体步骤如下。

(1)熟悉系统:工作状态、工艺过程、运行参数、作业情况、对环境影响程度。

(2)调查事故:收集同类事故资料,事故统计,预测可能发生的事故。

(3)确定顶事件:后果严重且易发生的事故。

(4)确定顶事件控制的目标:根据发生概率严重程度,确定发生概率的控制目标。

(5)原因事件调查:从人、机、环境、管理中确定基本事件。

(6)绘制故障树:以顶事件开始,逐级找出连接原因事件。按因果逻辑关系,用逻辑门将上、下层事件连起来。

(7)定性分析:运用布尔代数工具,对故障树进行简化,求最小割集、最小路集,并确定基本事件结构重要度。

(8)顶事件发生概率(定量):确定所有基本事件发生概率,求出顶事件概率。

(9)分析比较:将求得的顶事件概率与统计分析所得的概率进行比较,查看是否遗漏。

(10)定量分析:当顶事件概率超过预定目标时,从最小割集入手,寻求降低故障概率的各种可能性。

4.4.4　故障树结构及符号意义

1.故障树的结构

故障树的基本结构如图 4-26 所示。

图 4-26　故障树的基本结构图

由图 4-26 可以看出,在故障树图中,所研究的特定事故被绘制在故障树的顶端,称顶事件,如 T 事件。导致顶事件发生的最初原因事件绘制于事件树下部各分支的终端,称为基本事件(或底事件),如 x_1,x_2,…,x_8 事件。处于顶事件与基本事件之间的事件称中间事件,既是造成顶事件的原因,又是基本事件产生的结果,如 M_1,M_2,…,M_6 事件。各事件之间的基本关系是因果逻辑关系,用逻辑门表示。以逻辑门为中心,上层事件是下层事件发生后导致的结果,为输出事件;下层事件是上层事件的原因,为输入事件。

2.故障树的事件符号

故障树的事件符号如图 4-27 所示。

(a)　　(b)　　(c)　　(d)　(e)　(f)

图 4-27　故障树的事件符号

图 4-27(a)所示为矩形符号,表示需要进一步分析的事件,如顶事件、中间事件,一般为逻辑门的输出事件。

图 4-27(b)所示为圆形符号,表示不能再往下分的基本事件(底事件),只能作为逻辑门的输入事件(实线圆表示硬件本身的故障,虚线圆表示人为差错引起的故障事件,阴影圆环表示因操作者未发现异常现象而引起的故障事件)。

图 4-27(c)所示为菱形符号,表示省略事件,目前不能分析或不必要分析的事件,按基本事件处理(实线菱形表示硬件本身的故障事件,虚线菱形表示人为差错引起的故障事件,阴影双重菱形表示因操作者未发现异常现象而引起的故障事件,双重菱形表示受骗而引起的故障事件,一般为有意破坏)。

图 4-27(d)所示为房形符号,表示条件事件,一般当作一种开关,为输出事件的发生必不可少的事件。当房形符号中所给出的条件满足时,房形符号所在逻辑门的其他输入事件可保留,否则去掉。

图 4-27(e)所示为转入符号,表示在别处的部分内容由该处输入(在符号内标明从何处转入)。

图 4-27(f)所示为转出符号,表示在此处的部分内容转接到别处(在符号内标明转接到何处)。

3.故障树的逻辑门符号

故障树的逻辑门符号如图 4-28 所示。

(a)　　(b)　　(c)　　(d)

图 4-28　故障树的逻辑门符号

(a)与门;(b)或门;(c)禁门;(d)否定门

图 4-28(a)所示为逻辑与门符号,表示全部输入事件同时发生时,输出事件才能发生。与门的输入可以是基本事件、中间事件或两者的组合,输出事件可以是顶事件或中间事件,如图 4-29 所示的示例。

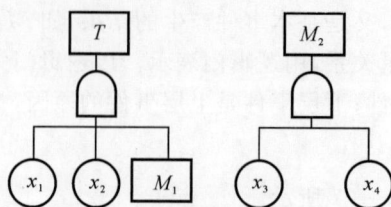

图 4-29　逻辑与门连接的示例

图 4-28(b)所示为逻辑或门符号,表示输入事件中至少有一个事件发生,输出事件就可以发生。或门的输入可以是基本事件、中间事件或两者的组合,输出事件可以是顶事件或中间事件,如图 4-30 所示的示例。

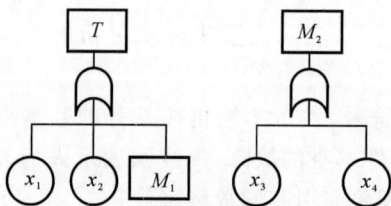

图 4-30　逻辑或门连接的示例

图 4-28(c)所示为禁门符号,表示仅当禁门打开条件满足时,输入事件的发生才能引起输出事件的发生。禁门一般用来描述非正常工作条件下发生的事件,其限制条件需在椭圆符号里说明,一般用于分析二次故障、外界条件或部件的使用条件等。

图 4-28(d)所示为否定门符号,否定门也称非门,表示当输入事件不发生时,输出事件才发生。

4.故障树的修正门符号

故障树的修正门符号如图 4-31 所示。

图 4-31　故障树的修正门符号

(a)优先与门;(b)组合与门;(c)危险持续时间门;(d)异或门;(e)表决门

图 4-31(a)所示为优先与门符号,表示在与门输入事件中,当某一事件较其他事件先发生时才能使输出事件发生。

图 4-31(b)所示为组合与门符号,表示当与门的输入事件多于三个时,任何两个输入事件发生就能导致输出事件发生。

图 4-31(c)所示为危险持续时间门符号,表示在与门输入事件中,当输入事件都发生并持续一定时间的条件下才能导致输出事件发生;可是如果输入事件都发生了,但未能持续一定的时间就不能导致输出事件发生,这种逻辑关系用危险持续时间门表示。

图 4-31(d)所示为异或门符号,表示只有输入事件之一发生时才能导致输出事件发生,而如果有两个或两个以上的输入事件发生时,输出事件就不发生。

图 4-31(e)所示为表决门(又称为 k/n 门)符号,表示 n 个独立的输入事件中只要当有 k 个或多于 k 个输入事件发生(或至少有任意 k 个输入事件发生)时,就能导致输出事件的发生。如果 $k=1$,则表决门等价于或门;如果 $k=n$,则表决门等价于与门。

4.4.5　故障树的编制

4.4.5.1　顶事件的确立

顶事件是分析的目标,指所分析的系统级的故障事件。依分析的任务不同,确定顶事件的方法也不同。顶事件选好了,可以使系统内部许多故障事件(中间事件和基本事件)联系起来,有利于对系统的可靠性进行分析,以便提出改进建议。

选择顶事件的原则有以下几点:

(1)要有确切的定义,其发生与否应有明确的判定准则,而不能模棱两可。

(2)要能分解,以便分析顶事件和基本事件之间的关系。

(3)要能度量,以便进行测量和定量分析。

(4)最好有代表性,以达到事半功倍之效。

选择顶事件的步骤如下:

(1)明确定义系统的正常状态、故障状态和故障事件。为此要对系统的功能有足够的认识,要详尽地搜集描述系统的有关技术资料和故障档案,分析系统设计、运行的技术规范等。

(2)对系统的故障作初步的分析。找出系统内部固有的故障事件,找出这些事件导致系统故障的所有可能路径,即故障模式。

(3)筛选故障事件确定顶事件。在初步分析的基础上,把系统故障按照类型、严重程度进行分类排序,把最不希望看到的故障作为顶事件。对于大型复杂系统,顶事件不是唯一的,可以把子系统的故障事件当作顶事件建造若干个子树进行分析计算,最后综合其结果。

4.4.5.2　建造故障树

为了使故障树能正确地、简明地把系统事件表示出来,使人们容易直观看到系统的故障,因此在建造故障树的时候必须注意以下几点。

1.有明确的主流程,确保逻辑严谨

所谓主流程是指能贯穿于系统各部件的功能故障,以其为纲,从顶事件到底事件逐级分解建树,这样就可以使故障树的思路明确,使人一目了然。

【例 4 - 10】 直流驱动系统的故障树。

直流驱动系统如图 4 - 32 所示,该系统故障是由于电机不能启动而造成油泵不供油。因此确定顶事件为电机不能启动,现需要确定建造故障树时的主流程。电机不能启动可能是油泵 M 卡住、电机转子卡住、K_1 和 K_2 未合上、电源故障和未给电机额定电流。但是前面几种事件对故障事件是独立事件,不能作为主流程,只有电流是贯穿回路的。那是否可用电流作为主流程呢? 结论是不可以的。因为题中未告诉额定电流是多少,然而额定电流是由额定电压决定的,因此最好以额定电压为主流程。直流驱动系统的故障树如图 4 - 33 所示。

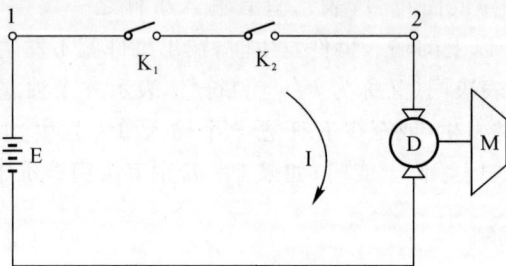

图 4 - 32　直流驱动系统

E—24 V 直流电源;K_1—手动开关;K_2—电磁开关;M—油泵,故障概率 $Q_M=0$;

D—电机,额定电压 $U=24$ V,故障概率 $Q_D=0.001$

图 4 - 33　直流驱动系统的故障树

注意:简单系统往往只有一个主流程,而大型复杂系统往往每一个子系统都有自己的主流程,此时就要因树而定,要以建树方便、思路清楚为原则,不要牵强附会。

2. 合理确定边界条件,以便确定故障树的范围

所谓边界条件是指在建树前对系统、部件等提出的假设条件。通常有以下两类边界条件。

（1）系统的边界条件。其包括初始条件、已知的技术状态、已发生或者正在发生的故障事件（含顶事件）、不允许出现的事件等，其中顶事件是最重要的边界条件之一。

（2）部件的边界条件。其包括假定部件所处的状态、部件发生故障的概率等。例如：

1）确定不可能的事件。一般把小概率事件当作不可能事件，建树时就不画出来了。如在例 4-10 中，假定导线和接头故障忽略不计。

2）确定必然事件。系统工作时，一定条件下必然发生的事件，或必然不发生的事件。如在例 4-10 中，油泵的故障概率为零，为必然不发生故障。

3）确定某些事件发生的概率。如 $Q_D = 0.001$。

在确定边界条件时必须要特别注意以下几点：

（1）忽略小概率事件不等于忽略小部件的概率或小故障事件。如核电站系统的安全性分析结论：小事故、小管道断裂往往比大管道断裂引起的系统的故障概率更大。

（2）有的事件概率虽小，但一旦发生后果严重，这种事件是不能作为不可能事件处理的。如导弹测试车电缆插座与导弹控制舱电缆插头连接时，插销错位的概率 $Q_1 < 10^{-5}$，按条令要求是可以进行带电连接的。然而，带电连接一旦发生错位，会引起燃气发生器点火并导致控制舱报废，损失万元以上，目前此类事故已发生 2 起以上，因此这种事件不能当作不可能事件。

（3）精确定义故障事件。做到只有一种解释，切忌多意和模棱两可、含糊不清，否则会导致树中逻辑混乱、矛盾、错误。

（4）"先抓西瓜，后捡芝麻"。在建树的前几步，考虑重要的、高可能性的、关键性的事件，然后随着分析的进展，再考虑次要的、发生概率较小的事件。

（5）严谨的逻辑性。系统中各故障事件的逻辑关系、条件必须分析清楚，不能紊乱和自相矛盾。

【例 4-11】 照明系统的故障树。

某照明系统如图 4-34 所示，经分析得知：

图 4-34 照明系统示意图

A—灯泡；E_1、E_2—电池；K_1—继电器 J_1 的常开触点；K_2—断电器 J_2 的常闭触点；K_3—手动开关

系统功能:使灯泡 A 始终亮。

系统描述:在正常运行时,K_2 处于闭合状态,经回路 Ⅱ 向 A 供电。当 K_2 故障断开时,操作 K_3 闭合。回路 Ⅲ 中有电流,使 J_1 线圈通电,K_1 闭合,由回路 Ⅰ 向 A 供电。因此不论 K_2 是否闭合,A 总是亮的。

边界条件:不计导线故障和二次故障。

初始条件:K_2 断开,K_1、K_3 闭合。

顶事件:最不希望看见 A 不亮,因此就以它为顶事件。

主流程:电流。

用演绎法可建造故障树,如图 4-35 所示。但是,由系统的描述可知,无论 K_3 是否闭合,只要系统运行正常,A 始终是亮的。而 Ⅲ 中有电流和无电流是互斥事件,不可能同时发生,因此故障树与门下的逻辑关系是不成立的,这样会导致矛盾的结论。在建树的过程中,需要将 Ⅲ 中有电流和无电流分开来处理,建立的故障树如图 4-36 所示。

图 4-35　照明系统的故障树(初建)

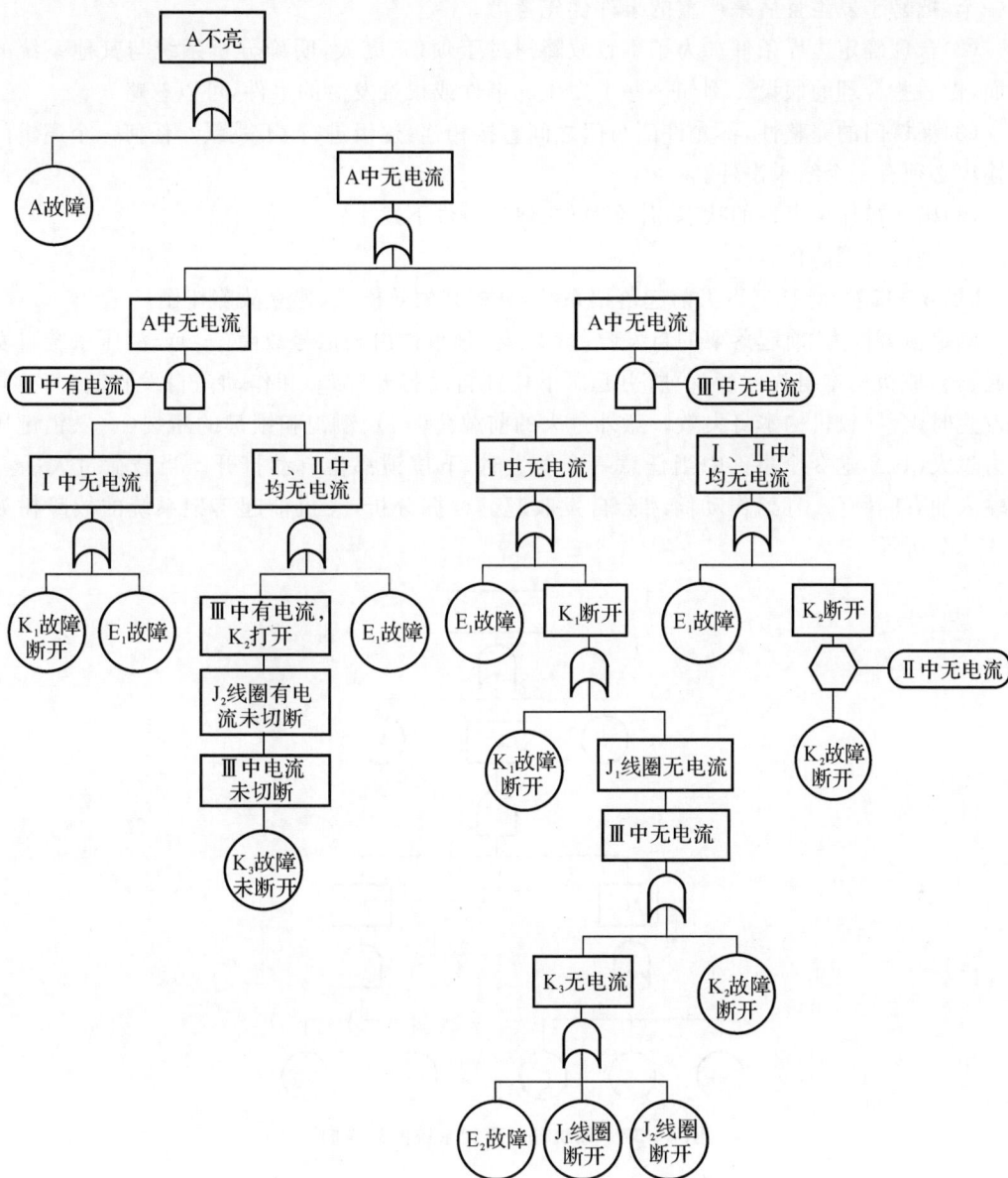

图 4-36　正确的照明系统的故障树

4.4.5.3　故障树的编制方法

故障树的编制方法有两种,第一种方法为人工编制,第二种方法为计算机辅助编制。

1. 人工编制

在确定系统的顶事件和边界条件后,按照演绎分析的方法,从顶事件起一级一级地着手开始故障树的编制工作,编制中应注意检查其是否符合逻辑分析原则,反复核查直接原因事件是否全部找齐。人工编制应遵循以下规则:

(1)确定顶事件应优先考虑风险大的事故事件。在危险分析中,不希望发生的事件远不止一个,把易于发生且后果严重的事件优先考虑。

(2)合理确定边界条件。为了不致故障树过于烦琐、庞大,明确分析系统与其他系统的界面,做一些合理的假设。例如一些不发生的事件或很难发生的事件,可以忽略。

(3)保持门的完整性,不允许门与门之间直接相连:逐级进行,不跳跃。任何一个逻辑门的输出必须有一个结果事件。

(4)确切描述顶事件的状态,什么时候、何种条件下发生?

(5)进行合理简化。

【例4-12】 对某型飞机前起落架系统,分析其失效模式,建立故障树图。

确定顶事件为"前起落架的自发收起(T)"。顶事件由电信号故障(x_1)或液压系统自发收起(x_2)或机构本身失效(M_1)所引起。下位锁自动打开(M_2)和作动筒自发收起(M_3)同时发生时,会导致机构本身失效。意外过大的前载荷(x_3)、锁钩和锁键的断裂(x_4)、锁键压簧力过大(x_5),这3个事件中当任意一个发生时,下位锁都会自动打开。当载荷过大(x_7)且输入油有问题(x_6)时,作动筒才会自发收起。根据分析,飞机前起落架系统的故障树如图4-37所示。

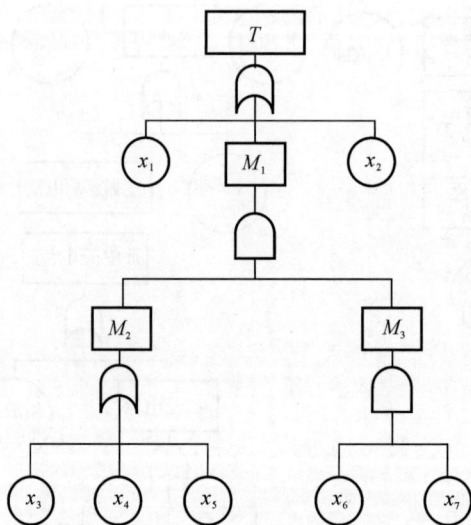

图4-37 飞机前起落架系统的故障树

2.计算机辅助编制

由于系统的复杂性,人工编制费时费力,必须采用相应的程序,由计算机辅助进行。其优点是可对系统的事故过程进行编辑,从而达到在一定范围内迅速准确地自动编制故障树的目的。其缺点是分析不如人透彻,且没有规范化、系统化的算法。计算机辅助编制的方法主要有两种:合成法和判定表法。

(1)合成法(Synthetic Tree Method,STM)。1973年,Fussell提出该方法,以解决电路系统问题。其基本原理是建立在部件故障模式分析的基础上,用计算机程序对子故障树进行编辑。

合成法与演绎法是有区别的:演绎法是由顶事件(危险源)向下一层层进行分析;而合成

法则只要部件故障模式所决定的子故障树确定,由合成法得到的故障树是唯一的。这是一种规范化的编制方法,部件的故障与所分析系统是独立考虑的。这些部件组成的任何系统都可以借助已确定的子故障树重新组成该系统的故障树。因此,对合成法而言,建立系统典型的子故障树是合成的关键。但是,合成法不能像演绎法那样有效地考虑人为因素和环境因素的影响,是针对系统硬件故障而编制的。

(2)判定表法(Decision Table, DT)。判定表法是根据部件的制定表来合成的。判定表法要求确定事件的输入/输出事件,即输入/输出的某种状态。把这种输入/输出事件的关系列表,称为判定表。

编制时,将系统按节点(输入/输出的连接点)划分开,并确定顶事件及其相关的边界条件。一般认为:来自系统环境的每一个输入事件属于基本事件;来自部件的输出事件属于中间事件。在判定表齐备后,从顶事件出发,根据判定表中间事件追踪到基本事件。

这种方法的优点是可以任意确定部件的状态、数目、多态系统以及有关的参量。

【例 4 - 13】　用判定表法编制硝酸热交换系统的故障树。

(1)给出硝酸热交换系统的流程示意图,如图 4 - 38 所示。

图 4 - 38　硝酸热交换系统的流程示意图

(2)给出每个部件的输入/输出事件关系,如图 4 - 39 所示。

图 4 - 39　硝酸热交换系统各部件的输入/输出事件关系图

(3)将这种输入/输出关系制成表格,见表 4-14～表 4-17。为了计算机输入方便,使用字母和数字代替各种状态,如:

$$(高,正常,零)=(+1,0,-1)$$
$$(正常,故障,停转)=(N,F,B)$$

表 4-14 热交换器的判定表

代　号	输　入		输　出
	冷却水流率	硝酸入口温度	硝酸出口温度
A	0	+1	0
B	0	0	0
C	-1	+1	+1
D	-1	0	0
E	-1	—	—

表 4-15 泵的判定表

代　号	输　入	输　出
	泵运行状态	加于阀门的冷却水压力
F	N	0
G	B	-1

表 4-16 阀门控制器的判定表

代　号	输　入	输　出
	阀门控制器状态	阀门开启度
H	N	0
I	B	-1

表 4-17 阀门判定表

代　号	输　入		输　出
	阀门开启度	阀门的冷却水压力	进入热交换器的冷却水流率
J	0	0	0
K	-1	0	-1
L	0	-1	-1

(4)编制故障树,如图 4-40 所示。

图 4 - 40　硝酸热交换系统的故障树

4.4.6　故障树的数学表达

4.4.6.1　结构函数

故障树中的逻辑关系是考虑 $\{0,1\}$ 两种状态的布尔代数,因此,可以引入二值状态变量来表示底事件和顶事件的状态。第 i 个底事件 x_i 的二值变量 X_i 为

$$X_i = \begin{cases} 1, & x_i \text{ 发生} \\ 0, & x_i \text{ 不发生} \end{cases}$$

同样地,引入二值变量 Φ 表示顶事件 T 的状态:

$$\Phi = \begin{cases} 1, & T \text{ 发生} \\ 0, & T \text{ 不发生} \end{cases}$$

因为顶事件的状态完全由底事件的状态决定,所以顶事件的状态变量取值也完全由底事件状态变量取值所决定。定义 Φ 是 $\boldsymbol{X} = (X_1, X_2, \cdots, X_n)$ 的函数,并记作

$$\Phi = \Phi(\boldsymbol{X}) \tag{4.9}$$

则称函数 $\Phi(\boldsymbol{X})$ 为故障树的结构函数.

如图 4 - 41(a)所示的故障树,当 X_i 全部取 1 时,则 $\Phi(\boldsymbol{X}) = 1$,即当全部底事件都发生时,顶事件才发生,将这种结构的故障树称作与门结构故障树。当所有底事件相互独立时,其结构函数为

$$\Phi(\boldsymbol{X}) = \bigcap_{i=1}^{n} X_i = \min(X_1, X_2, \cdots, X_n) \tag{4.10}$$

如图 4-41(b)所示的故障树,当任何一个或一个以上底事件发生时,顶事件便发生,将这种结构的故障树称作或门结构故障树。当所有底事件相互独立时,其结构函数为

$$\Phi(\boldsymbol{X}) = \bigcup_{i=1}^{n} X_i = \max(X_1, X_2, \cdots, X_n) \tag{4.11}$$

其中,记号 $\bigcup$ 的含义如下:

$$\bigcup_{i=1}^{n} X_i = 1 - \bigcap_{i=1}^{n}(1 - X_i) \tag{4.12}$$

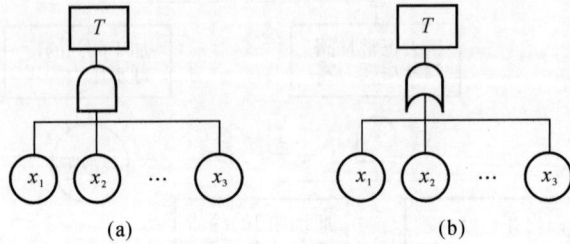

图 4-41　典型故障树
(a)与门结构故障树;(b)或门结构故障树

在一般情况下,如果给出了故障树,那么就可以根据故障树直接写出其结构函数。但是,如果逻辑关系太复杂了,那么这种方法就没有实用价值。这时可用第 4.4.7 节的最小割集或最小路集表示结构函数。

定义 1:底事件的相干性。如果对于底事件 x_i,有 $\Phi(1_i, \boldsymbol{X}) \neq \Phi(0_i, \boldsymbol{X})$ 成立,则底事件 x_i 对结构函数 Φ 是相干的。否则,底事件 x_i 对结构函数 Φ 是非相干的。其中:$\Phi(1_i, \boldsymbol{X})$ 表示第 i 个底事件 x_i 处于 1 状态,其余变量处于某固定状态;$\Phi(0_i, \boldsymbol{X})$ 表示第 i 个底事件 x_i 处于 0 状态,其余变量处于与 $\Phi(1_i, \boldsymbol{X})$ 相同的状态。

例如,故障树的结构函数为 $\Phi(\boldsymbol{X}) = X_1 \bigcup (X_1 \bigcap X_2)$,应用布尔代数的吸收律化简便得到

$$\Phi(\boldsymbol{X}) = X_1$$

这说明,顶事件的状态仅仅由底事件 x_1 的状态所决定,而与 x_2 的状态无关。可见,x_2 是非相干的底事件。

定义 2:相干结构函数。如果结构函数 $\Phi(\boldsymbol{X})$ 满足性质:①各变量 $X_i(i=1,2,\cdots,n)$ 对 $\Phi(\boldsymbol{X})$ 是相干的;②$\Phi(\boldsymbol{X})$ 对各变量 $X_i(i=1,2,\cdots,n)$ 是相干的,并且是非递减的,则称函数 $\Phi(\boldsymbol{X})$ 是相干结构函数。

因为由与门和或门构成的故障树其结构函数 $\Phi(\boldsymbol{X})$ 必然满足性质②,所以只要满足性质①,那么它就是相干结构函数。经过化简得到由与门和或门构成的故障树都是相干故障树,其结构函数是相干结构函数,而具有异或门的故障树,其结构函数是非相干的,我们这里只讨论相干故障树。

相干故障树的结构函数具有以下性质:

(1)$\Phi(\boldsymbol{0}) = 0$;

(2)$\Phi(\boldsymbol{1}) = 1$;

(3)设有状态向量 $\boldsymbol{X}$ 和 $\boldsymbol{Y}$,如果有 $\boldsymbol{X} \geqslant \boldsymbol{Y}$,则必有

$$\Phi(\pmb{X}) \geqslant \Phi(\pmb{Y})$$

注：$\pmb{X} \geqslant \pmb{Y}$ 表示对任一个 i 都有 $X_i \geqslant Y_i$ 存在。

（4）设 $\Phi(\pmb{X})$ 是由 n 个独立底事件组成的任意相干故障树的结构函数，则下式成立：

$$\bigcap_{i=1}^{n} X_i \leqslant \Phi(\pmb{X}) \leqslant \bigcup_{i=1}^{n} X_i \tag{4.13}$$

它表示被评价的任意相干故障树的状态，其上限是或门结构故障树的状态，其下限是与门结构故障树的状态。或者说，用任意故障树表示的系统可靠性，不会比由同样单元组成的串联系统的可靠性更差，但也不会比由同样单元组成的并联系统可靠性更好。

由 n 个独立底事件构成的故障树，其结构函数 $\Phi(\pmb{X})$ 对于任何一个底事件的二值变量 X_i 都可以展开为

$$\Phi(\pmb{X}) = X_i \Phi(1_i, \pmb{X}) + (1 - X_i)\Phi(0_i, \pmb{X}) \tag{4.14}$$

由于 X_i 是二值变量，只取 0 或 1，所以有式（4.14）的成立。

如果对于每一个 i 都展开，则可得

$$\Phi(\pmb{X}) = \sum_{\pmb{y}} \bigcap_{i=1}^{n} X_i^{y_i} (1 - X_i)^{1 - y_i} \Phi(\pmb{Y}) \tag{4.15}$$

式中：$\sum\limits_{\pmb{y}}$ 表示对全部二值状态向量求和。

【例 4-14】　如图 4-42 所示的故障树，有 5 个底事件，因此二值状态向量 $\pmb{X} = (X_1, X_2, \cdots, X_5)$ 使得故障树有 $2^5 = 32$ 种状态。对于每一种状态向量 $\pmb{X}$，求出其对应结构函数 $\Phi(\pmb{X})$ 的值，见表 4-18。

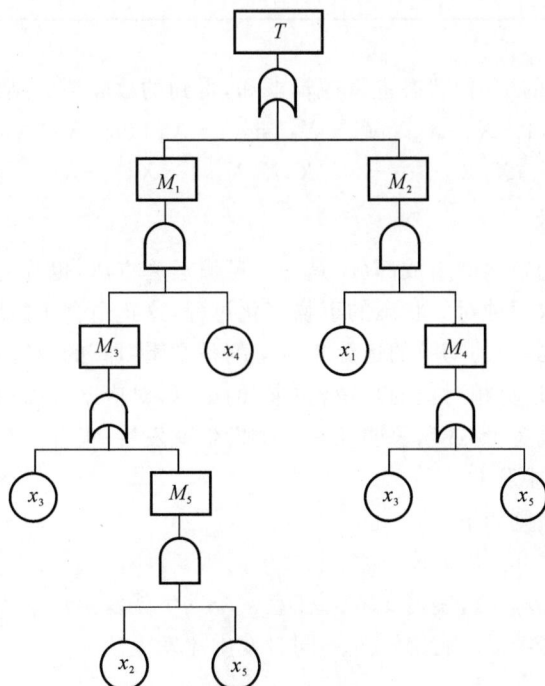

图 4-42　故障树

表 4 - 18　基本事件和顶事件的状态列表

X_1	X_2	X_3	X_4	X_5	Φ	X_1	X_2	X_3	X_4	X_5	Φ
0	0	0	0	0	0	1	0	0	0	0	0
0	0	0	0	1	0	1	0	0	0	1	1
0	0	0	1	0	0	1	0	0	1	0	0
0	0	0	1	1	0	1	0	0	1	1	1
0	0	1	0	0	0	1	0	1	0	0	0
0	0	1	0	1	0	1	0	1	0	1	1
0	0	1	1	0	1	1	0	1	1	0	1
0	0	1	1	1	1	1	0	1	1	1	1
0	1	0	0	0	0	1	1	0	0	0	0
0	1	0	0	1	0	1	1	0	0	1	1
0	1	0	1	0	0	1	1	0	1	0	1
0	1	0	1	1	1	1	1	0	1	1	1
0	1	1	0	0	0	1	1	1	0	0	1
0	1	1	0	1	0	1	1	1	0	1	1
0	1	1	1	0	1	1	1	1	1	0	1
0	1	1	1	1	1	1	1	1	1	1	1

将所有 $\Phi(\boldsymbol{X})=1$ 的 17 种状态进行逻辑求和,得到的故障树的结构函数为

$$\Phi(\boldsymbol{X}) = (1-X_1)(1-X_2)X_3X_4(1-X_5) + (1-X_1)(1-X_2)X_3X_4X_5 + (1-X_1) \times$$
$$X_2(1-X_3)X_4X_5 + \cdots + X_1X_2X_3X_4(1-X_5) + X_1X_2X_3X_4X_5$$

4.4.6.2　布尔代数

布尔代数是集合论数学的组成部分,是一种逻辑运算方法,也称为逻辑代数。布尔代数特别运用于描述只能取两种对立状态的事物变化过程,这正适合于故障树分析的特点。

在布尔代数中,与集合的"并"的运算相对应的是逻辑"加"的运算,对应于故障树的逻辑或门;与集合的"交"的运算相对应的是逻辑"乘"的运算,对应于故障树中的逻辑与门。集合"并"相对于逻辑"加"或逻辑"或",表明任意一个发生就发生;集合"交"相对于逻辑"乘"或逻辑"与",表明同时发生才发生。

布尔代数的运算法则如下:

(1)结合律。

$(a+b)+c=a+(b+c)$,表明 a、b、c 任意一个发生就发生;

$(a \cdot b) \cdot c=a \cdot (b \cdot c)$,表明 a、b、c 同时发生才发生。

(2)交换律。

$a+b=b+a$,表明 a、b 任意一个发生就发生;

$a \cdot b=b \cdot a$,表明 a、b 同时发生才发生。

（3）分配律。

$a \cdot (b+c) = (a \cdot b) + (a \cdot c)$，表明当 a 发生时，b 和 c 任意一个发生就发生，当 a 不发生时，无论 b 和 c 是否发生都不发生。

$a + (b \cdot c) = (a+b) \cdot (a+c)$，表明当 a 发生时，无论 b 和 c 是否发生都发生，当 a 不发生时，b 和 c 同时发生才发生。

（4）等幂律。

$$a+a=a$$
$$a \cdot a=a$$

（5）互补律。

对元素 a 存在着它的补元素 $\bar{a}$，则下述互补律成立。

肯定发生，则
$$a+\bar{a}=1$$

肯定不发生，则
$$a \cdot \bar{a}=0$$

（6）吸收律。
$$a \cdot (a+b)=a$$
$$a+(a \cdot b)=a$$

无论元素 b 是否发生，只要事件 a 发生就发生，a 不发生就不发生。

（7）对合律。
$$\overline{(\bar{a})}=a$$

（8）对偶律（德·摩根律）。

$\overline{a \cdot b}=\bar{a}+\bar{b}$，表明 a 和 b 同时发生的补事件是不发生，如果 a 和 b 任意一个发生，则不发生，如果 a 和 b 任意一个不发生，则发生。

$\overline{a+b}=\bar{a} \cdot \bar{b}$，表明任意一个发生，如 a 发生，则无论 b 是否发生，均不发生。

（9）重叠律。

$a+b=\bar{a} \cdot b+a$，表明 a 发生，无论 b 是否发生，均发生；

$\bar{a}+\bar{b}=\bar{a}+a \cdot \bar{b}$，表明 a 不发生，无论 b 是否发生，均发生。

（10）存在元素 0 和 1，则
$$a+0=0+a=a$$
$$a \cdot 1=1 \cdot a=a$$

4.4.6.3　故障树的布尔代数表达

将故障树中连接各事件的逻辑门用相应的布尔代数运算表达，就得到故障树的布尔代数表达式。以图 4 - 42 的故障树为例，布尔代数表达式及展开过程如下：

$$T=M_1+M_2=(M_3 \cdot x_4)+(x_1 \cdot M_4)$$
$$=[(x_3+M_5) \cdot x_4]+[x_1 \cdot (x_3+x_5)]$$
$$=[(x_3+x_2 \cdot x_5) \cdot x_4]+[x_1 \cdot (x_3+x_5)]$$
$$=x_3 \cdot x_4+x_2 \cdot x_4 \cdot x_5+x_1 \cdot x_3+x_1 \cdot x_5$$

对图 4-42 的故障树来说,布尔代数表达式是结构函数的简化格式。

故障树的布尔代数表达式是故障树的数学描述,给出故障树,可以写出相应的布尔代数表达式;给出布尔代数表达式,就可以画出相应的故障树。

4.4.6.4 故障树的概率函数

故障树的概率函数是指故障树中由底事件的概率所组成的顶事件概率的计算式。由于每一个故障树的结构形式不同,所以其概率函数有所不同。

(1)如果底事件是相互独立的,则与门结构故障树的顶事件发生的概率函数(各基本事件的逻辑"乘"关系)为

$$g(\boldsymbol{q}) = q_1 q_2 \cdots q_n = \prod_{i=1}^{n} q_i \tag{4.16}$$

式中:q_i 为第 i 个底事件的发生概率;$\prod$ 为数学运算符号,表示概率连乘积。

(2)如果底事件是相互独立的,则或门结构故障树的顶事件发生的概率函数(各基本事件的逻辑"加"关系)为

$$g(\boldsymbol{q}) = 1 - (1 - q_1)(1 - q_2) \cdots (1 - q_n) = 1 - \prod_{i=1}^{n} (1 - q_i) \tag{4.17}$$

可以这样理解,"乘"是共同作用引起的事故,"加"是任意一个发生引起的事故。

因此,如果知道了每一个底事件的发生概率,就可以利用概率函数计算顶事件发生的概率。

4.4.6.5 故障树的简化及意义

故障树的简化是应用布尔代数的运算法则来完成的。经简化后的故障树的布尔代数表达式可以去除编制故障树时写入的无关数据。

值得注意的是,故障树建好后都必须进行简化,去掉多余事件,否则将造成分析结果错误。

【例 4-15】 对于一个故障树的布尔代数表达式:

$$T = x_1 x_2 (x_1 + x_3)$$

如果设 $q_1 = q_2 = q_3 = 0.1$,则

(1)采用简化过程计算概率值:

$$\begin{aligned}
T &= x_1 x_2 (x_1 + x_3) \\
&= x_1 x_2 x_1 + x_1 x_2 x_3 &&\text{(按分配律展开)} \\
&= x_1 x_2 + x_1 x_2 x_3 &&\text{(按等幂律消去多余的 } x_1\text{)} \\
&= x_1 x_2 &&\text{(按吸收律消去多余的 } x_3\text{)}
\end{aligned}$$

$$g(\boldsymbol{q}) = q_1 q_2 = 0.1 \times 0.1 = 0.01$$

(2)不采用简化过程计算概率值:

$$g(\boldsymbol{q}) = q_1 q_2 [1 - (1 - q_1)(1 - q_3)] = 0.1 \times 0.1 \times [1 - (1 - 0.1) \times (1 - 0.1)] = 0.001\,9$$

由此可见,简化过程与不简化过程两者结果相差甚远,其主要原因是在计算中增加了多余事件概率值的计算。

4.4.7　故障树的定性分析

故障树的定性分析是根据故障树的结构确定顶事件的发生模式、起因以及各事件的影响程度,为采取有效措施防止事故发生提供依据。在定性分析中,需要求出最小割集、最小路集和结构重要度。

4.4.7.1　最小割集

1.基本概念

如果故障树中全部基本事件都发生,则顶事件必发生。但实际上并不是一定要所有的基本事件都发生,顶事件才发生。某些基本事件一起发生就可以导致顶事件的发生。将同时发生就能导致顶事件发生的基本事件的组合称为割集。割集中的基本事件是逻辑"乘"(或"与")的关系。最小割集是能够引起顶事件发生的最低数量的基本事件的组合。最小割集指明了哪些基本事件同时发生,就可以使顶事件发生的故障模式。

如果从结构函数的角度出发,若状态向量 X 能使 $\Phi(X)=1$,则称 X 为割向量。而割向量对应的底事件集合 $K(x)$ 称为割集。又设 X 是割向量,同时满足 $Z<X$ 的任意向量 Z 能使 $\Phi(Z)=0$ 成立,则称 X 为最小割向量。最小割向量对应的底事件集合称为最小割集,即最小割集是指属于它的底事件都发生就能使顶事件发生的必要的底事件集合。

2.求解方法

(1)观察法。对相对简单的故障树,通过直接观察找出最小割集。例如,某故障树得到的 6 个割集如下所示:

$$(x_1,x_1)(x_1,x_2)(x_1,x_3)(x_1,x_4)(x_2,x_3)(x_2,x_4)$$

应用布尔代数等幂律:

$$(x_1)(x_1,x_2)(x_1,x_3)(x_1,x_4)(x_2,x_3)(x_2,x_4)$$

应用布尔代数吸收律:

$$(x_1)(x_2,x_3)(x_2,x_4)$$

由此,可以得到最小割集为

$$(x_1)(x_2,x_3)(x_2,x_4)$$

(2)布尔代数表达式化简法。该方法的应用对象是相对简单的故障树。例如,对于如图 4-43 所示的故障树结构,最小割集的求法如下:

$$T=M_1M_2=(x_1+x_2)(x_1+x_3+x_4)$$
$$\xlongequal{\text{分配律}} x_1x_1+x_1x_3+x_1x_4+x_1x_2+x_2x_3+x_2x_4$$
$$\xlongequal[\text{吸收律}]{\text{等幂律}} x_1+x_2x_3+x_2x_4$$

最小割集为

$$(x_1)(x_2,x_3)(x_2,x_4)$$

（3）行列法。行列法的应用对象是相对复杂的故障树。对于一些复杂的故障树常用计算机求解最小割集，这种方法称行列法，包括下行法（Fussell-Vesely 算法）和上行法（Semanderes 算法）。

下行法是 Vesely 提出的计算机程序 MOCUS 方法，Fussell 将其应用于手算解法中。其理论依据是与门增加割集的大小，或门增加割集的数量。基本过程如下：

1）从顶事件开始，按逻辑的顺序用下面的输入事件代替上面的输出事件，逐层展开，直至所有的基本事件全部列出为止。

2）在代替展开过程中，"或"门连接的输入事件纵向列出，"与"门连接的输入事件横向列出，最终得到若干行基本事件组成的割集。

3）对这些割集应用布尔代数运算法化简，求得最小割集。

【例 4-16】 以图 4-43 所示的故障树为例。

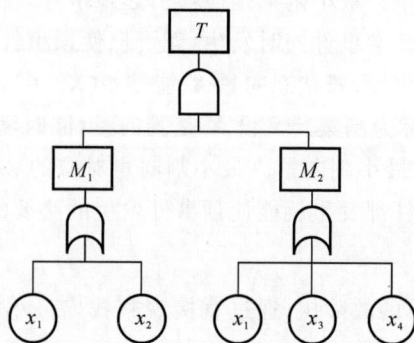

图 4-43 故障树

从顶事件出发，逐级向下，用输入事件替换输出事件，形成如下矩阵格式：

$$T \xrightarrow{T\ 与门} M_1, M_2 \xrightarrow{M_1\ 或门} \begin{matrix} x_1, M_2 \\ x_2, M_2 \end{matrix} \xrightarrow{M_2\ 或门} \begin{matrix} x_1, x_1 \\ x_1, x_3 \\ x_1, x_4 \\ x_2, x_1 \\ x_2, x_3 \\ x_2, x_4 \end{matrix} \xrightarrow{布尔代数} \begin{matrix} x_1 \\ x_2, x_3 \\ x_2, x_4 \end{matrix}$$

最终获得故障树的最小割集为 $(x_1)(x_2, x_3)(x_2, x_4)$。

对于复杂的故障树，当其基本事件个数多且割集很多时，需要在计算机上实现的，可以采用赋素数的方法，具体过程如下：

（1）赋值。对每一底事件 x_i 依次令它对应一个素数 n_i，即 $x_i = n_i$。

$$x_1 = n_1 = 2, x_2 = n_2 = 3, x_3 = n_3 = 5, x_4 = n_4 = 7, \cdots$$

（2）求数串。令每一个割集 K_j 都对应一个 N_j，其中 N_j 等于第 j 个割集中底事件赋值之积。

$$K_1 = \{x_1\}, \qquad N_1 = n_1 = 2$$
$$K_2 = \{x_1, x_3\}, N_2 = n_1 n_3 = 2 \times 5 = 10$$
$$K_3 = \{x_1, x_4\}, N_3 = n_1 n_4 = 2 \times 7 = 14$$
$$K_4 = \{x_2, x_1\}, N_4 = n_1 n_2 = 2 \times 3 = 6$$
$$K_5 = \{x_2, x_3\}, N_5 = n_2 n_3 = 3 \times 5 = 15$$
$$K_6 = \{x_2, x_4\}, N_6 = n_2 n_4 = 3 \times 7 = 21$$

把 $N_1, N_2, \cdots, N_6$ 排序:

$$N_{(1)} \leqslant N_{(2)} \leqslant \cdots \leqslant N_{(6)}$$

这里的顺序量为

$$N_{(1)} = N_1 = 2, \quad N_{(4)} = N_2 = 14$$
$$N_{(2)} = N_4 = 6, \quad N_{(5)} = N_5 = 15$$
$$N_{(3)} = N_2 = 10, N_{(6)} = N_6 = 21$$

(3)以小除大,剔除能被整除者,余下的便是全部最小割集。

显然,6,10 和 14 能够被 2 整除,余下的 2,15,21 不能被其他的数串值整除。它们所对应的割集$(x_1)(x_2, x_3)(x_2, x_4)$便是全部最小割集。

上行法是依据故障树自下而上地综合用布尔代数简化求最小割集的方法。仍以图 4-43 的故障树为例,故障树的最后一阶是

$$M_1 = x_1 \bigcup x_2$$
$$M_2 = x_1 \bigcup x_3 \bigcup x_4$$

往上一阶可得

$$T = M_1 \bigcap M_2 = (x_1 \bigcup x_2) \bigcap (x_1 \bigcup x_3 \bigcup x_4)$$

利用布尔代数化简得

$$T = x_1 \bigcup x_2 x_3 \bigcup x_2 x_4$$

每一项都是一个最小割集,于是有 3 个最小割集:

$$(x_1) \ (x_2, x_3) \ (x_2, x_4)$$

由此可见,用两种方法所得的结论完全相同。但上行法很易出错,下行法容易实行。

3. 最小割集的作用

最小割集表示了故障树系统的危险性大小,每个最小割集都是顶事件发生的一种可能途径。最小割集数目越多,危险性越大。其主要作用体现在以下几个方面:

(1)表示顶事件发生的原因,故障发生必须是某个最小割集中的基本事件同时发生的结果,求出最小割集就掌握了故障发生的各种可能。

(2)每个最小割集代表了一种故障模式,可根据最小割集发现系统中的薄弱环节,判断出最危险情况。最小割集中的基本事件个数越少,故障模式的危险性越大。

(3)判断重要度,计算顶事件发生概率。根据最小割集判断基本事件的结构重要度,计算故障发生概率。

在故障树的结构函数中,最小割集之间是"或"门(逻辑"加")关系,每个最小割集中基本事件之间是"与"门(逻辑"乘")关系。

4.4.7.2 最小路集

1. 基本概念

如果故障树中全部基本事件都不发生,则顶事件一定不发生。故障树中某些基本事件同时不发生,则顶事件也可能不发生。同时不发生时,可以使顶事件不发生的基本事件组合称为路集。最小路集是指能够使得顶事件不发生的最低数量的基本事件的组合。最小路集指明了哪些基本事件同时不发生,就可以使顶事件不发生。

如果从结构函数的角度出发,若状态向量 X 能使 $\Phi(X)=0$ 成立,则称 X 为路向量。路向量 X 对应的底事件集合 $C(x)$ 称为路集。而所谓的最小路向量 X,必须满足 X 是路向量,同时满足 $X<Z$ 的任意向量 Z 能使 $\Phi(Z)=1$ 成立。最小路向量对应的底事件集合称为最小路集,即最小路集是指属于它的底事件都不发生就能保证顶事件不发生的必要的底事件集合。

2. 求解方法

当故障树的最小割集很多时,分析不方便,这时可以用最小路集来分析。直接由故障树求最小路集很困难,一般是借助于故障树的对偶树 T^{D}(Dual Fault Tree)来求。最小路集是利用布尔代数运算法则的对偶律求得。对偶律表示为

$$\overline{a \cdot b}=\bar{a}+\bar{b}$$

$$\overline{a+b}=\bar{a} \cdot \bar{b}$$

求最小路集的原理是,将故障树的逻辑"与"("乘")变为对偶树的逻辑"或"("加"),将故障树的逻辑"或"("加")变为对偶树的逻辑"与"("乘"),并将故障树中的所有事件变成对偶树中的逆事件。对偶树具有下列性质:

(1)对偶树的全部最小割集是故障树的全部最小路集,而且是一一对应的,其逆亦成立。

(2)设对偶树的结构函数 $\Phi^{\mathrm{D}}(X)$,故障树的结构函数 $\Phi(X)$,则

$$\Phi^{\mathrm{D}}(X)=1-\Phi(1-X) \tag{4.18}$$

式中:$1-X=(1-X_1,1-X_2,\cdots,1-X_n)$。

由于对偶树的最小割集就是故障树的最小路集,所以求解故障树的最小路集的求解步骤如下:

(1)将逻辑"与"门用逻辑"或"门代替,将逻辑"或"门用逻辑"与"门代替,将事件用逆事件代替,得到与原故障树相对应的对偶树。例如,将图 4-43 的故障树转化为对偶树,如图 4-44 所示。

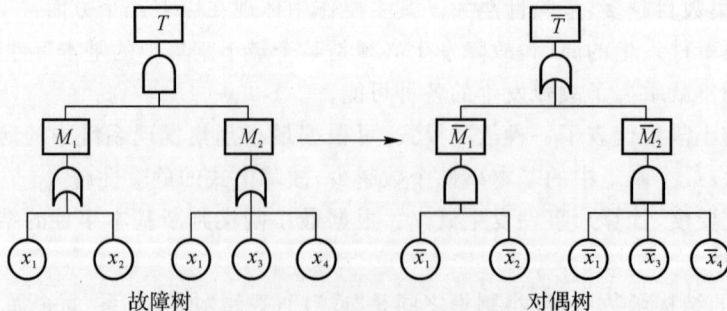

图 4-44 故障树到对偶树的转化

（2）求解对偶树的最小割集：

$$\bar{T} \xrightarrow{\bar{T}或门} \begin{matrix} \bar{M}_1 & \xrightarrow{\bar{M}_1与门} & \bar{x}_1,\bar{x}_2 \\ \bar{M}_2 & \xrightarrow{\bar{M}_2与门} & \bar{x}_1,\bar{x}_3,\bar{x}_4 \end{matrix}$$

$$\bar{T}=\bar{M}_1+\bar{M}_2=\bar{x}_1 \cdot \bar{x}_2+\bar{x}_1 \cdot \bar{x}_3 \cdot \bar{x}_4$$

对偶树的最小割集为$(\bar{x}_1,\bar{x}_2)(\bar{x}_1,\bar{x}_3,\bar{x}_4)$。

（3）求解故障树的最小路集。再用故障事件代替对偶树中最小割集的非故障事件,得到原故障树的最小路集为$(x_1,x_2)(x_1,x_3,x_4)$。

3.最小路集的作用

最小路集体现了系统的安全性。

（1）表示系统的安全性：故障树系统中的最小路集的数量越多,防止顶事件发生的措施越多,系统安全性越大。一个最小路集就是一种改进措施,就是一条控制故障发生的途径。

（2）可用于选择最佳的事故控制方案,依据基本事件个数少的最小路集选用事故控制措施会比依据基本事件个数多的最小路集选择事故控制措施更容易。

（3）可进行结构重要度分析,进行顶事件发生概率的计算。

在对偶树的结构函数中,最小路集之间是"与"门（逻辑"乘"）关系,每个最小路集中基本事件之间是"或"门（逻辑"加"）关系。

4.4.7.3　用最小割集和最小路集表示的结构函数

1.用最小割集表示的结构函数

在故障树中,只要有任何一个最小割集发生了,顶事件就发生。因此,可用最小割集表示结构函数。

假定给出的故障树有 k 个最小割集 $\boldsymbol{K}=(K_1,K_2,\cdots,K_k)$,各最小割集 $K_j(j=1,2,\cdots,k)$对应的二值结构函数为

$$K_j(\boldsymbol{X})=\bigcap_{x_i \in K_j} X_i$$

将属于 K_j 的全部底事件用与门连接起来的结构称作最小割集与门结构。由于$K_j(\boldsymbol{X})$是第 j 个最小割集的结构函数,所以只有当属于 K_j 的全部底事件都发生时,才能使 $K_j(\boldsymbol{X})=1$,这时顶事件就发生。在 k 个最小割集中只要有一个最小割集发生,顶事件就发生,因此故障树的结构函数 $\Phi(\boldsymbol{X})$可以写成

$$\Phi(\boldsymbol{X})=\bigcup_{j=1}^{k}K_j(\boldsymbol{X})=\bigcup_{j=1}^{k}\bigcap_{x_i \in K_j} X_i \tag{4.19}$$

式（4.19）表示所谓最小割集与门结构或门结合故障树（见图 4-45）的结构函数。

2.用最小路集表示的结构函数

假定给出的故障树有 m 个最小路集 $\boldsymbol{C}=(C_1,C_2,\cdots,C_m)$,各最小路集 $C_j(j=1,2,\cdots,m)$不发生对应的二值结构函数为

$$C_j(\boldsymbol{X})=\bigcup_{x_i \in C_j} X_i$$

属于第 j 个最小路集 C_j 的全部底事件中只要有一个发生,最小路集就不会发生。如果

故障树的全部最小路集都不发生,那么顶事件就发生。因此故障树的结构函数 $\Phi(\boldsymbol{X})$ 可以写成

$$\Phi(\boldsymbol{X})=\bigcap_{j=1}^{m}C_j(\boldsymbol{X})=\bigcap_{j=1}^{m}\bigcup_{x_i\in C_j}X_i \qquad (4.20)$$

式(4.20)表示所谓最小路集或门结构与门结合故障树(见图4-46)的结构函数。

图 4-45　最小割集与门结构或门结合故障树

图 4-46　最小路集或门结构与门结合故障树

在故障树定性分析中,需要将全部最小割集列举出来,以寻找最重要、最危险的最小割集或基本事件,再通过定量分析最小割集发生的概率来确定薄弱环节,以便改进设计,加强维修。

4.4.7.4　基本事件的结构重要度

在故障树分析中,导致顶事件发生的基本事件很多,这些基本事件对顶事件的影响各不相同。在采取措施时,应该分出轻重缓急,首先消除影响重大的基本事件。基本事件对顶事件的影响程度用结构重要度来衡量。

1.根据结构重要度系数,判定基本事件对顶事件的影响程度

在故障树分析中,任何一个基本事件 x_i 都可能呈现两种状态:发生或者不发生,顶事件是基本事件的状态函数,即故障树的结构函数 $\Phi(\boldsymbol{X})$。各基本事件的不同组合构成了顶事件的两种情况,即 $\Phi(\boldsymbol{X})=1$ 或 $\Phi(\boldsymbol{X})=0$。

假设基本事件个数为 n，当第 i 个基本事件 $x_i(i=1,2,\cdots,n)$ 的状态由 0 变到 1(即 $0_i \to 1_i$)时，其他 $(n-1)$ 个基本事件的状态保持不变，则顶事件的变化状态有以下 3 种可能。

(1) $\Phi(0_i,\boldsymbol{X})=0 \to \Phi(1_i,\boldsymbol{X})=0$，则有 $\Phi(1_i,\boldsymbol{X})-\Phi(0_i,\boldsymbol{X})=0$。

(2) $\Phi(0_i,\boldsymbol{X})=0 \to \Phi(1_i,\boldsymbol{X})=1$，则有 $\Phi(1_i,\boldsymbol{X})-\Phi(0_i,\boldsymbol{X})=1$。

(3) $\Phi(0_i,\boldsymbol{X})=1 \to \Phi(1_i,\boldsymbol{X})=1$，则有 $\Phi(1_i,\boldsymbol{X})-\Phi(0_i,\boldsymbol{X})=0$。

式中：0_i 表示第 i 个基本事件 x_i 的 0 状态(不发生)；1_i 表示第 i 个基本事件 x_i 的 1 状态(发生)；$\boldsymbol{X}$ 表示其他 $(n-1)$ 个基本事件的状态向量。

第(1)(3)这两种状态，基本事件 x_i 从 0 到 1 的变化对顶事件没有起到作用，第(2)种状态，x_i 从 0 到 1 的变化对顶事件起到作用。这就说明第(2)种情况出现得越多，x_i 就越重要。

由于 n 个基本事件的 0 和 1 的两种情况的组合状态共有 2^n 个，所以将 x_i 作为分子，其他基本事件的 2^{n-1} 种状态不变作为分母，则基本事件 x_i 的结构重要度系数为

$$I_{\Phi(i)}=\frac{1}{2^{n-1}}\sum\left[\Phi(1_i,\boldsymbol{X})-\Phi(0_i,\boldsymbol{X})\right] \tag{4.21}$$

【例 4-17】　故障树如图 4-47 所示，求每一个基本事件的结构重要度系数。

解：故障树有 3 个基本事件，其状态组合共有 $2^3=8$ 种。

设在编制基本事件 x_i 和顶事件 T 状态表时，左半部分 X_1 均为 0，右半部分 X_1 均为 1，左、右两部分 X_2 和 X_3 状态均相同，且保持不变，那么作为分母的状态组合数为 4 种，基本事件和顶事件的状态值见表 4-19。表 4-20 和表 4-21 分别为以 X_2 和 X_3 为分析对象的基本事件和顶事件的状态表。

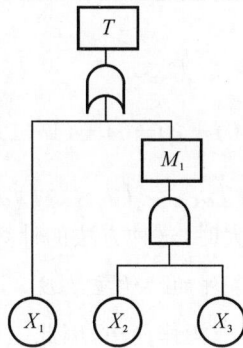

图 4-47　故障树

表 4-19　以 X_1 为分析对象的基本事件和顶事件的状态表

X_1	X_2	X_3	$\Phi(\boldsymbol{X})$	X_1	X_2	X_3	$\Phi(\boldsymbol{X})$
0	1	1	1	1	1	1	1
0	1	0	0	1	1	0	1
0	0	1	0	1	0	1	1
0	0	0	0	1	0	0	1

表 4-19 中，X_1 的结构重要度系数为

$$I_{\Phi(1)} = \frac{1}{2^{3-1}}[(1-1)+(1-0)+(1-0)+(1-0)] = \frac{3}{4}$$

表 4-20　以 X_2 为分析对象的基本事件和顶事件的状态表

X_1	X_2	X_3	$\Phi(X)$	X_1	X_2	X_3	$\Phi(X)$
0	0	1	0	0	1	1	1
0	0	0	0	0	1	0	0
1	0	1	1	1	1	1	1
1	0	0	1	1	1	0	1

表 4-20 中，X_2 的结构重要度系数为

$$I_{\Phi(2)} = \frac{1}{2^{3-1}}[(1-0)+(0-0)+(1-1)+(1-1)] = \frac{1}{4}$$

表 4-21　以 X_3 为分析对象的基本事件和顶事件的状态表

X_1	X_2	X_3	$\Phi(X)$	X_1	X_2	X_3	$\Phi(X)$
0	1	0	0	0	1	1	1
0	0	0	0	0	0	1	0
1	1	0	1	1	1	1	1
1	0	0	1	1	0	1	1

表 4-21 中，X_3 的结构重要度系数为

$$I_{\Phi(3)} = \frac{1}{2^{3-1}}[(1-0)+(0-0)+(1-1)+(1-1)] = \frac{1}{4}$$

从而，基本事件的结构重要度排序为 $I_{\Phi(1)} > I_{\Phi(2)} = I_{\Phi(3)}$。

对于复杂系统或底事件数 n 很大时，这种方法的计算将十分困难。

2．应用最小割（路）集判定基本事件的结构重要度

这种方法较前一种方法精度低，但操作简单，因此应用广泛，具体的原则如下。

（1）包含基本事件越少，且互不交叉的最小割（路）集，其基本事件的结构重要度越大。例如，某故障树的最小割集(x_1)(x_2, x_3)(x_4, x_5, x_6)之中，基本事件的结构重要度排序为

$$I_{\Phi(1)} > I_{\Phi(2)} > I_{\Phi(4)}$$

（2）仅出现在同一最小割（路）集中的所有基本事件的结构重要度相等。例如前例中，有

$$I_{\Phi(2)} = I_{\Phi(3)}, \quad I_{\Phi(4)} = I_{\Phi(5)} = I_{\Phi(6)}$$

（3）当多个最小割（路）集中的基本事件的个数相等时，在各最小割（路）集中出现次数越多的基本事件，结构重要度越大。例如，某故障树 3 个最小割集为(x_1, x_2, x_3)(x_1, x_3, x_4)(x_1, x_4, x_5)，这 5 个基本事件的结构重要度排序为

$$I_{\Phi(1)} > I_{\Phi(3)} = I_{\Phi(4)} > I_{\Phi(2)} = I_{\Phi(5)}$$

（4）当两个基本事件出现在基本事件个数不等的多个最小割（路）集中时，其结构重要度依次按下列情况确定。

1）如果它们在最小割（路）集中出现的次数相等，则在含有基本事件少的最小割（路）集中出现的基本事件的结构重要度大。例如，故障树有 4 个最小割集

$$(x_1,x_3)(x_1,x_4)(x_2,x_4,x_5)(x_2,x_5,x_6)$$

在这些割集中，基本事件的重要度顺序为

$$I_{\Phi(1)}>I_{\Phi(4)}>I_{\Phi(2)}=I_{\Phi(5)}, \ I_{\Phi(3)}>I_{\Phi(6)}$$

2）如果当它们在含有基本事件少的最小割（路）集中出现的次数少，在含有基本事件多的最小割（路）集中出现的次数多时，或者更为复杂的情况，则可以用下列近似式来计算：

$$I_{\Phi(i)} = \sum_{x_i \in K_j} \frac{1}{2^{n_j-1}} \tag{4.22}$$

式中：$I_{\Phi(i)}$ 为基本事件 x_i 的结构重要度；$x_i \in K_j$ 为基本事件 x_i 属于 K_j 最小割（路）集；n_j 为基本事件 x_i 所在最小割（路）集中包含基本事件的个数。

例如，5 个最小割集 $(x_1,x_3)(x_1,x_4)(x_2,x_4,x_5)(x_2,x_5,x_6)(x_2,x_6,x_7)$。应用公式计算，$x_1$ 出现两次，所在的割集中基本事件个数为 2；x_2 出现 3 次，所在割集中基本事件个数为 3。由于 $I_{\Phi(1)}=1, I_{\Phi(2)}=\frac{3}{4}$，所以可得 $I_{\Phi(1)}>I_{\Phi(2)}$。

在分析时应注意以下 3 点：

（1）当利用上述 4 个原则判断基本事件的结构重要度时，必须严格按照顺序进行，否则容易出现错误。

（2）无论选择最小割集，还是最小路集，判断基本事件结构重要度是基本一致的。通常，选择两者较少的情况比较起来容易一些。

（3）确定基本事件的结构重要度，可以用于制定故障控制方案，还可以用来制定安全检查表，找出日常管理的依据。

4.4.8　故障树的定量分析

定量分析的基本任务是根据基本事件的发生概率，计算顶事件的发生概率以及基本事件的概率重要度和临界重要度。

4.4.8.1　基本事件发生概率的计算方法

在进行定量分析时，首先需要知道基本事件发生的概率。基本事件发生的概率包括物的故障概率和人的失误概率两个方面。

由于取得基本事件发生概率值很困难，需要通过大量的试验、观测、分析和检验才能得到，其准确性又受到环境影响，所以下面仅从理论上给出求解方法。

1. 物的故障概率

（1）可修复系统单元的故障率。可修复系统的单元包括部件和元件，其故障概率 q 的定义为

$$q = \frac{\lambda}{\lambda + \mu} \tag{4.23}$$

式中:λ 为单元故障率,是指单位时间内故障发生的概率,$\lambda = \dfrac{1}{MTBF}$,MTBF 为平均故障间隔期,是指相邻两故障间隔期内正常工作的平均时间;μ 为单元修复率,是指单位时间内元件修复的概率,$\mu = \dfrac{1}{MTTR}$,MTTR 为平均修复时间,是指系统单元出现的故障,从开始维修到恢复正常工作所需要的平均时间。

因为 MTBF$\gg$MTTR,所以 $\lambda \ll \mu$。则故障概率为

$$q = \frac{\lambda}{\lambda + \mu} \approx \frac{\lambda}{\mu}$$

(2)不可修复系统的单元故障概率:

$$q = 1 - e^{-\lambda t} \quad (t > 0) \tag{4.24}$$

式中:t 为单元的运行时间。

若将 $e^{-\lambda t}$ 按级数展开,略去后面的高阶无穷小,则可近似为

$$q \approx \lambda t \quad (t > 0)$$

2. 人的失误概率

人的失误是指作业者实际完成的功能与系统所要求的功能之间的偏差。人的失误概率通常是指作业者在一定条件下和规定时间内完成某项规定功能时出现偏差(或失误)的概率,人的失误概率也是人的不可靠度。

对于某一动作,作业人员的基本可靠度为

$$R = R_1 R_2 R_3$$

式中:R_1 为与输入有关的可靠度;R_2 为与判断有关的可靠度;R_3 为与输出有关的可靠度。R_1,R_2,R_3 的参考数值见表 4-22。

表 4-22 R_1,R_2,R_3 的参考数值

作业类别	影响因素	R_1	R_2	R_3
简单	变量不超过几个,人机工程上考虑全面	0.999 5~0.999 9	0.999 9	0.999 5~0.999 9
一般	变量不超过 10 个	0.999 0~0.999 5	0.999 5	0.999 0~0.999 5
复杂	变量超过 10 个,人机工程上考虑不全面	0.990 0~0.999 0	0.990 0	0.990 0~0.999 0

作业人员单个动作的失误率为

$$q = k(1 - R)$$

式中:k 为修正系数,$k = abcde$(a 为作业时间系数,b 为操作频率系数,c 为危险状态系数,d 为心理、生理条件系数,e 为环境条件系数)。系数 a、b、c、d、e 的取值范围见表 4-23。

表 4 - 23　a、b、c、d、e 的参考数值

符　号	项　目	内　容	取值范围
a	作业时间	有充足富裕的时间	1.0
		没有充足富裕的时间	1.0～3.0
		完全没有富裕时间	3.0～10.0
b	操作频率	频率适当	1.0
		连续操作	1.0～3.0
		很少操作	3.0～10.0
c	危险状态	即使误操作也安全	1.0
		误操作时危险大	1.0～3.0
		误操作时有产生重大灾害的危险	3.0～10.0
d	心理、生理条件（教育、训练、健康状况、疲劳、愿望等）	综合条件较好	1.0
		综合条件不好	1.0～3.0
		综合条件很差	3.0～10.0
e	环境条件	综合条件较好	1.0
		综合条件不好	1.0～3.0
		综合条件很差	3.0～10.0

4.4.8.2　顶事件发生概率的计算方法

1. 直接由结构函数计算的顶事件发生概率

定义顶事件发生的概率 g 为 $P\{\Phi(\boldsymbol{X})=1\}$，由于 $\Phi(\boldsymbol{X})$ 是只取 0 或 1 的二值函数，所以也可以写成

$$g=E_\Phi\{\Phi(\boldsymbol{X})\}$$

同样底事件的发生概率 q_i 为

$$q_i=P\{X_i=1\}=E_{X_i}\{X_i\} \quad (i=1,2,\cdots,n)$$

则在底事件独立的条件下，g 是 $\boldsymbol{q}$ 的函数并可以写成 $g=g(\boldsymbol{q})$，依据顶事件发生概率函数 g 的性质，有下式成立：

$$g(\boldsymbol{q})=q_i g[1_i,\boldsymbol{q}]+(1-q_i)g[0_i,\boldsymbol{q}]$$

该式表示对结构函数表达式两端取数学期望。它对于每一 q_i 是线性的，因此 g 具有多重线性性。在第 4.4.6 节中，已知当底事件相互独立时，结构函数对每一个 X_i 展开为

$$\Phi(\boldsymbol{X})=\sum_y \bigcap_{i=1}^n X_i^{y_i}(1-X_i)^{1-y_i}\Phi(\boldsymbol{Y})$$

对上式两端取数学期望，可得顶事件的概率函数为

$$g(\boldsymbol{q})=\sum_y \Phi(\boldsymbol{Y})\prod_{i=1}^n q_i^{y_i}(1-q_i)^{1-y_i} \tag{4.25}$$

在通过故障树的结构函数得到概率函数后，将各基本事件的发生概率值直接代入，就可

以算出顶事件的发生概率。由于根据式(4.25)的计算是简单机械的,所以便于应用计算机。如果有 n 个底事件,那么就必须调查 2^n 个状态。当 n 过大时,花费的时间就太长,甚至无法计算。

例如,图 4-42 所列的故障树的结构函数为

$$\Phi(\boldsymbol{X})=(1-X_1)(1-X_2)X_3X_4[1-(1-X_5)]+(1-X_1)(1-X_2)X_3X_4X_5+$$
$$(1-X_1)X_2(1-X_3)X_4X_5+\cdots+X_1X_2X_3X_4(1-X_5)+X_1X_2X_3X_4X_5$$

其相应的概率函数为

$$g(\boldsymbol{q})=(1-q_1)(1-q_2)q_3q_4(1-q_5)+(1-q_1)(1-q_2)q_3q_4q_5+$$
$$(1-q_1)q_2(1-q_3)q_4q_5+\cdots+q_1q_2q_3q_4(1-q_5)+q_1q_2q_3q_4q_5$$

2. 用最小割集或最小路集表示的结构函数来计算顶事件发生概率

比上述方法快的方法就是利用最小割集或最小路集表示的结构函数来计算。在求出故障树的最小割集或最小路集后,可用其表达故障树的结构函数。

假定给出的故障树有 k 个最小割集 $\boldsymbol{K}=(K_1,K_2,\cdots,K_k)$,则故障树的结构函数 $\Phi(\boldsymbol{X})$ 为

$$\Phi(\boldsymbol{X})=\bigcup_{j=1}^{k}K_j(\boldsymbol{X})=\bigcup_{j=1}^{k}\bigcap_{x_i\in K_j}X_i$$

对上式两端取数学期望,得

$$g(\boldsymbol{q})=E(\bigcup_{j=1}^{k}\bigcap_{x_i\in K_j}X_i)$$

对最小割集结构函数来说,顶事件发生概率为

$$g(\boldsymbol{q})=P(\bigcup_{j=1}^{k}(K_j=1))$$

该式表示在 k 个最小割集中,只要有一个发生就能使顶事件发生的概率。

令 E_j 表示第 j 个最小割集发生,即属于第 j 个最小割集的底事件都发生,则上式变为

$$g(\boldsymbol{q})=P(\bigcup_{j=1}^{k}E_j)$$

如果将和事件的概率展开,且令 $M_r(r=1,2,\cdots,k)$ 表示任意 r 个最小割集同时发生的概率和,则

$$M_r=\sum_{1\leqslant i_1<i_2\cdots i_r\leqslant k}P(E_{i_1}\cap E_{i_2}\cap\cdots\cap E_{i_r})$$

则

$$g=\sum_{r=1}^{k}(-1)^{r-1}M_r=\sum_{i=1}^{k}P(E_i)-\sum_{1\leqslant i<j\leqslant k}P(E_i\cap E_j)+\cdots+(-1)^{k-1}P(\bigcap_{i=1}^{k}E_i)$$

代入底事件发生的概率 q_i,则顶事件发生的概率为

$$g(\boldsymbol{q})=\sum_{i=1}^{k}\prod_{x_l\in K_i}q_l-\sum_{1\leqslant i<j\leqslant k}\prod_{x_l\in K_i\cup K_j}q_l+\cdots+(-1)^{k-1}\prod_{l=1}^{n}q_l \tag{4.26}$$

用完全相同的方法,可以用最小路集实现顶事件不发生的概率的计算。假定给出的故障树有 m 个最小割集 $\boldsymbol{C}=(C_1,C_2,\cdots,C_m)$,则故障树的结构函数 $\Phi(\boldsymbol{X})$ 为

$$\Phi(\boldsymbol{X})=\bigcap_{j=1}^{m}C_j(\boldsymbol{X})=\bigcap_{j=1}^{m}\bigcup_{x_i\in C_j}X_i$$

对上式两端取数学期望,得

$$g(\boldsymbol{q}) = E(\bigcap_{j=1}^{m} \bigcup_{x_i \in C_j} X_i)$$

令 D_j 表示第 j 个最小路集 C_j 发生,即属于第 j 个最小路集的底事件都不发生。所谓要使顶事件不发生则需要至少有一个最小路集实现。因此顶事件不发生的概率 $1-g$ 为

$$1-g = P\{\bigcup_{j=1}^{m} D_j\}$$

如果将该式展开并代入底事件发生概率 q_i,则

$$1-g = \sum_{r=1}^{m} (-1)^{r-1} S_r$$
$$= \sum_{i=1}^{m} \prod_{x_l \in C_i} (1-q_l) - \sum_{1 \le i < j \le m} \prod_{x_l \in C_i \cup C_j} (1-q_l) + \cdots + (-1)^{m-1} \prod_{l=1}^{n} (1-q_l)$$

$$(4.27)$$

式中:$S_r = \sum\limits_{1 \le i_1 < i_2 \cdots i_r \le m} \prod\limits_{x_l \in C_{i_1} \cup C_{i_2} \cup \cdots C_{i_r}} (1-q_l)$

应用容斥原理,可以看出根据最小割集或最小路集都能求出顶事件发生的概率。但是在应用计算机计算时,必须考虑尽量少占内存和节省时间,这就需要选择了。原则上,当最小割集较少时,用最小割集计算较好,其计算项数为 2^k-1;当最小路集较少时,用最小路集计算较好,其计算项数为 2^m-1。需要注意的是,在底事件发生概率非常小的情况下,概率连乘可能存在有效数字丢失的危险。

3. 不交化方法计算顶事件发生概率

从原理来讲,应用容斥原理可以算出相容事件概率的精确解。但对于大型故障树,实际上是不可能的。当最小割集个数 $k=10$ 时,有 $2^{10}-1=1\,023$ 项用于概率计算。一般故障树的最小割集是相容的,最小割集数为 $30 \sim 40$ 是常见的,当 $k=40$ 时,则项数为 $2^{40}-1 \approx 1.1 \times 10^{12}$,每一项又有许多因子相乘,即使使用现在最好的计算机也难以算出。人们把这种问题叫作组合爆炸问题。解决组合爆炸问题的方法是用相斥近似和独立近似假设求近似解的。如果求精确解只能用化相容事件和为不相容事件和方法,这个方法又叫化相交和为不交和的不交化处理方法。当多个最小割集或最小路集中包含有同样的基本事件时,称这些最小割集或最小路集为"交"集。有"交"的情况存在时,用容斥公式计算,工作量大,即使用计算机求解也十分费时费力。不交化方法的基础是布尔代数的重叠律,表达方式如下。图 4-48 给出了不交化方法的示意图。

$$a+b = a\bar{b}+b$$
$$\bar{a}+\bar{b} = \bar{a}+a\bar{b}$$

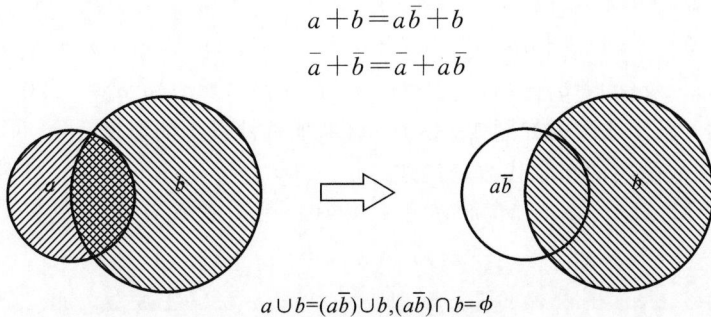

$$a \cup b = (a\bar{b}) \cup b, (a\bar{b}) \cap b = \phi$$

图 4-48　不交化法的示意图

按此规律进一步推广,可以用不交化处理的最小割集来表示故障树,即故障树布尔代数的表达式如下:

$$T=K_1+\overline{K}_1K_2+\overline{K}_1\overline{K}_2K_3+\cdots+\overline{K}_1\overline{K}_2\cdots\overline{K}_{k-1}K_k$$

式中:$K_1,K_2,K_3,\cdots,K_k$ 表示故障树的 k 个最小割集。

应用上式计算也是十分复杂的,而应用布尔代数的不交化之和理论可以简化计算过程。不同命题的不交化之和定理如下。

(1)若集合 a 和 b 不包含共同的基本事件,则直接应用不交化之和定理,即先按对偶律 $\overline{ab}=\overline{a}+\overline{b}$ 将 $\overline{a}$ 变换,再按重叠律 $\overline{a}+\overline{b}=\overline{a}+a\overline{b}$ 进行不交化处理,最后按分配律处理。公式为

$$T=a+\overline{a}b$$

例如,$a=(x_1,x_2)$,$b=(x_3,x_4)$,则

$$T=a+\overline{a}b=x_1x_2+\overline{x_1x_2}x_3x_4=x_1x_2+(\overline{x}_1+x_1\overline{x}_2)x_3x_4$$

$$=x_1x_2+\overline{x}_1x_3x_4+x_1\overline{x}_2x_3x_4$$

(2)若集合 a 和 b 包含共同的基本事件,则

$$T=a+\overline{a}b=a+\overline{a_0}b$$

式中:a_0 为集合 a 中有的,而集合 b 中没有的基本事件的集合。

例如,$a=(x_1,x_2)$,$b=(x_1,x_3)$,则

$$T=a+\overline{a}b=x_1x_2+\overline{x_1x_2}x_1x_3=x_1x_2+\overline{x}_1x_1x_3+x_1\overline{x}_2x_1x_3$$

$$=a+\overline{a_0}b=x_1x_2+x_1\overline{x}_2x_3$$

(3)若集合 a 和 c 包含共同的基本事件,集合 b 和 c 包含共同的基本事件,则

$$T=a+\overline{a}b+\overline{a}\overline{b}c=a+\overline{a}b+\overline{a_0}\overline{b_0}c$$

式中:a_0 为集合 a 中有的,而集合 c 中没有的基本事件的集合;b_0 为集合 b 中有的,而集合 c 中没有的基本事件的集合。

例如,$a=(x_1,x_2)$,$b=(x_3,x_4)$,$c=(x_1,x_4)$,则

$$T=a+\overline{a}b+\overline{a}\overline{b}c=a+\overline{a}b+\overline{a_0}\overline{b_0}c$$

$$=x_1x_2+\overline{x_1x_2}x_3x_4+\overline{x}_2\overline{x}_3x_1x_4$$

【例 4-18】 设故障树的布尔代数表达式为 $T=x_1+x_2x_4+x_2x_3$,假设各基本事件发生概率分别为 $q_1=0.1$,$q_2=0.2$,$q_3=0.3$,$q_4=0.4$,求顶事件概率。

解:设 $a=(x_1)$,$b=(x_2,x_4)$,$c=(x_2,x_3)$,则

$$T=a+\overline{a}b+\overline{a}\overline{b}c=a+\overline{a}b+\overline{a_0}\overline{b_0}c=x_1+\overline{x}_1x_2x_4+\overline{x}_1\overline{x}_4x_2x_3$$

$$g(\boldsymbol{q})=q_1+(1-q_1)q_2q_4+(1-q_1)(1-q_4)q_2q_3=0.204\ 4$$

【例 4-19】 已知故障树如图 4-49 所示,求顶事件发生的概率。

解:(1) 写出故障树的布尔代数表达式:

$$T=M_1M_2=(x_1+M_3)(M_4+x_4)=(x_1+x_3x_5)(M_5x_3+x_4)$$

$$=(x_1+x_3x_5)[(x_2+x_5)x_3+x_4]=(x_1+x_3x_5)(x_2x_3+x_5x_3+x_4)$$

$$=x_1x_2x_3+x_1x_3x_5+x_1x_4+x_2x_3x_5+x_3x_5+x_3x_4x_5$$

$$=x_1x_2x_3+x_1x_4+x_3x_5$$

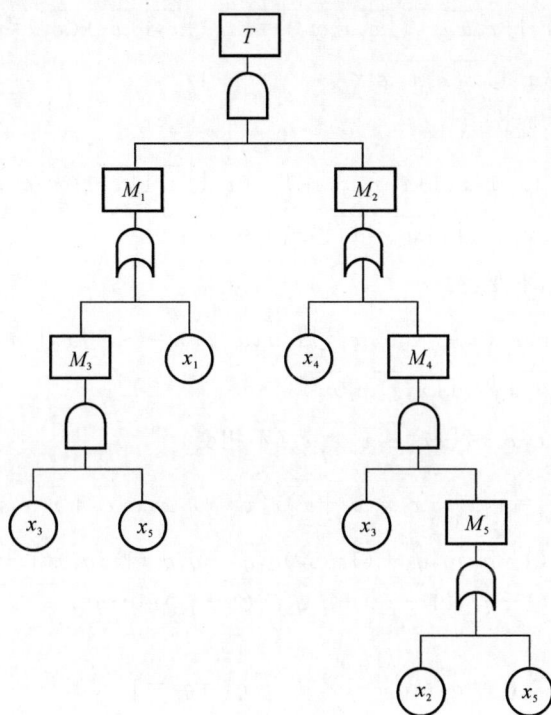

图 4 - 49　故障树

(2)最小割集：

$$(x_1, x_4)\ (x_3, x_5)\ (x_1, x_2, x_3)$$

(3)顶事件概率：

$$T = a + \bar{a}b + \bar{a}\bar{b}c = a + \bar{a}b + \bar{a}_0\bar{b}_0 c$$

$$= x_1 x_4 + \overline{x_1 x_4} x_3 x_5 + \overline{x_4 x_5} x_1 x_2 x_3$$

$$= x_1 x_4 + (\overline{x_1} + x_1 \overline{x_4}) x_3 x_5 + \overline{x_4}\,\overline{x_5} x_1 x_2 x_3$$

$$= x_1 x_4 + \overline{x_1} x_3 x_5 + x_1 \overline{x_4} x_3 x_5 + \overline{x_4}\,\overline{x_5} x_1 x_2 x_3$$

$$g(\boldsymbol{q}) = q_1 q_4 + (1 - q_1) q_3 q_5 + q_1 (1 - q_4) q_3 q_5 + (1 - q_4)(1 - q_5) q_1 q_2 q_3$$

如果运用集合的交或并集进行不交化处理，请参见下例故障树最小割集的不交化过程。

【例 4 - 20】　已知某故障树的最小割集为$(x_1, x_2)\ (x_1, x_3)\ (x_2, x_3)\ (x_4, x_5)$，并且已知 $q_1 = q_2 = q_3 = 1 \times 10^{-3}$，$q_4 = q_5 = 1 \times 10^{-4}$，试用不交化方法求解故障树顶事件发生概率的精确解。

解：$T = x_1 x_2 \bigcup x_1 x_3 \bigcup x_2 x_3 \bigcup x_4 x_5$。

(1)$a_1 = x_1 x_2$ 不变：

$$f_1 = \overline{x_1 x_2}(x_1 x_3 \bigcup x_2 x_3 \bigcup x_4 x_5) = (\overline{x_1} \bigcup \overline{x_2})(x_1 x_3 \bigcup x_2 x_3 \bigcup x_4 x_5)$$

$$= \overline{x_1} x_2 x_3 \bigcup \overline{x_1} x_4 x_5 \bigcup x_1 \overline{x_2} x_3 \bigcup \overline{x_2} x_4 x_5$$

(2)$a_2 = \overline{x_1} x_2 x_3$ 不变：

$$f_2 = \overline{\overline{x_1 x_2 x_3}}\,(\overline{x_1 x_4 x_5} \bigcup \overline{x_1 \overline{x_2} x_3} \bigcup \overline{x_2 x_4 x_5}) = (x_1 \bigcup \overline{x_2} \bigcup \overline{x_3})(\overline{x_1 x_4 x_5} \bigcup \overline{x_1 \overline{x_2} x_3} \bigcup \overline{x_2 x_4 x_5})$$

$$= x_1 \overline{x_2} x_3 \bigcup \overline{x_2} \,\overline{x_4} \,\overline{x_5} \bigcup \overline{x_1} \,\overline{x_4} \,x_3 \overline{x_5}$$

(3) $a_3 = \overline{x_2 x_4 x_5}$ 不变：

$$f_3 = \overline{\overline{x_2 x_4 x_5}}\,(x_1 \overline{x_2} x_3 \bigcup \overline{x_1} \,\overline{x_4} x_3 \overline{x_5}) = (x_2 \bigcup \overline{x_4} \bigcup \overline{x_5})(x_1 \overline{x_2} x_3 \bigcup \overline{x_1} \,\overline{x_4} x_3 \overline{x_5})$$

$$= \overline{x_1} \,x_2 \overline{x_3} \,\overline{x_4} x_5 \bigcup x_1 \overline{x_2} x_3 \overline{x_4} \bigcup x_1 \overline{x_2} x_3 \overline{x_5}$$

(4) $a_4 = x_1 \overline{x_2} x_3 \overline{x_5}$ 不变：

$$f_4 = \overline{\overline{x_1 \overline{x_2} x_3 \overline{x_5}}}\,(\overline{x_1} \,x_2 \overline{x_3} \,\overline{x_4} x_5 \bigcup x_1 \overline{x_2} x_3 \overline{x_4}) = (\overline{x_1} \bigcup x_2 \bigcup \overline{x_3} \bigcup x_5) \times$$

$$(\overline{x_1} \,x_2 \overline{x_3} \,\overline{x_4} x_5 \bigcup x_1 \overline{x_2} x_3 \overline{x_4})$$

$$= \overline{x_1} \,x_2 \overline{x_3} \,\overline{x_4} x_5 \bigcup x_1 \overline{x_2} x_3 \overline{x_4} x_5\,(\text{不相交})$$

(5) $\Phi = \sum\limits_{i=1}^{4} a_i + f_4 = x_1 x_2 + \overline{x_1} x_2 x_3 + \overline{x_2} x_4 x_5 + x_1 \overline{x_2} x_3 \overline{x_5} + \overline{x_1} x_2 \overline{x_3} \,\overline{x_4} x_5 + x_1 \overline{x_2} x_3 \overline{x_4} x_5$

(6) $g(\boldsymbol{q}) = q_1 q_2 + (1-q_1) q_2 q_3 + (1-q_2) q_4 q_5 + q_1 q_3 (1-q_2)(1-q_5) +$

$\qquad q_2 q_4 q_5 (1-q_1)(1-q_3) + q_1 q_3 q_5 (1-q_2)(1-q_4)$

代入

$$q_1 = q_2 = q_3 = 1 \times 10^{-3}, q_4 = q_5 = 1 \times 10^{-4}$$

得

$$g = 3.008 \times 10^{-6}$$

4.4.8.3 顶事件发生概率的近似计算法

根据最小割集和最小路集求解顶事件故障概率的容斥公式分别为

$$g(\boldsymbol{q}) = \sum_{j=1}^{k} \prod_{x_l \in K_j} q_l - \sum_{1 \leqslant i < j \leqslant k} \prod_{x_l \in K_i \bigcup K_j} q_l + \cdots + (-1)^{k-1} \prod_{l=1}^{n} q_l \tag{4.28}$$

$$g(\boldsymbol{q}) = 1 - \sum_{j=1}^{m} \prod_{x_l \in C_j} (1-q_l) + \sum_{1 \leqslant i < j \leqslant m} \prod_{x_l \in C_i \bigcup C_j} (1-q_l) - \cdots - (-1)^{m-1} \prod_{l=1}^{n} (1-q_l)$$

$$\tag{4.29}$$

1. 首项近似法

通过对容斥公式分析可知,公式后面连乘的基本事件概率个数不少于前面连乘的基本事件概率个数,而后面基本事件概率连乘项较多是由于"交"集引起的;每个基本事件概率往往很小($q_i \ll 1$),使得后面的连乘值远远小于前面连乘的数值。

在实际应用中,后面交集计算出的概率对顶事件影响很小,在误差允许的情况下,采用略去交集作用的方法,计算顶事件概率,既可以保证实际应用又可以减少工作量。

首项近似计算式为

最小割集：

$$g(\boldsymbol{q}) \approx \sum_{j=1}^{k} \prod_{x_l \in K_j} q_l$$

最小路集：

$$g(\boldsymbol{q}) \approx 1 - \sum_{j=1}^{m} \prod_{x_l \in C_j} (1 - q_l)$$

2. 平均近似法

以最小割集为例,将容斥公式的第一项记为 M_1,第二项记为 M_2,…,也可以理解为近似区间:

$$g(\boldsymbol{q}) < M_1$$
$$g(\boldsymbol{q}) > M_1 - M_2$$
$$g(\boldsymbol{q}) < M_1 - M_2 + M_3$$
$$\cdots$$

按顺序给出了 $g(\boldsymbol{q})$ 的上限和下限,所求项数越多,越逼近精确值,逐次得到任意精度的近似区间,示意图如图 4-50 所示。

图 4-50　平均近似法示意图

平均近似法是在首项近似法的基础上,加上容斥公式第二项的一半,使计算结果更精确。

最小割集:

$$g(\boldsymbol{q}) \approx \sum_{j=1}^{k} \prod_{x_l \in K_j} q_l - \frac{1}{2} \sum_{1 \le i < j \le k} \prod_{x_l \in K_i \cup K_j} q_l$$

最小路集:

$$g(\boldsymbol{q}) \approx 1 - \sum_{j=1}^{m} \prod_{x_l \in C_j} (1 - q_l) + \frac{1}{2} \sum_{1 \le i < j \le m} \prod_{x_l \in C_i \cup C_j} (1 - q_l)$$

3. 独立近似假设和相斥近似假设

经研究证明,对于大型复杂故障树,可作如下的近似计算。

(1) 若 $q_i < 0.1$,则可以将不独立的底事件当作独立的底事件,即

$$P(\bigcap_{i=1}^{n} X_i) = P(X_1) P(X_2 \mid X_1) \cdots P(X_n \mid X_1 X_2 \cdots X_{n-1})$$

$$\approx P(X_1) P(X_2) \cdots P(X_n) = \prod_{i=1}^{n} q_i$$

$$P(\bigcup_{i=1}^{n} X_i) \approx 1 - \prod_{i=1}^{n} P(1 - X_i)$$

$$= 1 - \prod_{i=1}^{n} (1 - q_i)$$

(2) 若 $q_i < 0.01$,则可将相容底事件当作相斥的底事件,即

$$P(\bigcup_{i=1}^{n} X_i) \approx \sum_{i=1}^{n} q_i$$

4.4.8.4 基本事件的概率重要度和临界重要度

在4.4.7.4小节中介绍基本事件的结构重要度,从故障树结构上分析各基本事件的重要度,属于定性分析。如果考虑各基本事件发生概率的变化,会给顶事件的发生概率带来多大的影响,就必须研究基本事件的概率重要度和临界重要度,这属于定量分析范畴。

1. 基本事件的概率重要度

基本事件概率重要度反映了基本事件发生概率的变化对顶事件发生概率的影响程度,即顶事件发生概率对该基本事件发生概率的变化率。

$$I_{g(i)} = \frac{\partial g(\boldsymbol{q})}{\partial q_i} \tag{4.30}$$

式中:$g(\boldsymbol{q})$为故障树的概率函数;q_i为第i个基本事件的发生概率。

若知道了故障树的概率函数和各基本事件的发生概率,就可以按式(4.30)计算各基本事件的概率重要度。例如:故障树5个基本事件的概率分别为

$$q_1=0.01, \quad q_2=0.02, \quad q_3=0.03, \quad q_4=0.04, \quad q_5=0.05$$

概率函数为

$$g(\boldsymbol{q})=1-\{1-q_4[1-(1-q_3)(1-q_2q_5)]\}\{1-q_1[1-(1-q_3)(1-q_5)]\}$$

其各基本事件的概率重要度为

$$I_{g(1)}=\frac{\partial g(\boldsymbol{q})}{\partial q_1}=\{1-q_4[1-(1-q_3)(1-q_2q_5)]\}[1-(1-q_3)(1-q_5)]=0.078$$

$$I_{g(2)}=\frac{\partial g(\boldsymbol{q})}{\partial q_2}=0.02$$

$$I_{g(3)}=\frac{\partial g(\boldsymbol{q})}{\partial q_3}=0.049$$

$$I_{g(4)}=\frac{\partial g(\boldsymbol{q})}{\partial q_4}=0.031$$

$$I_{g(5)}=\frac{\partial g(\boldsymbol{q})}{\partial q_5}=0.01$$

各基本事件概率重要度排序为

$$I_{g(1)}>I_{g(3)}>I_{g(4)}>I_{g(2)}>I_{g(5)}$$

知道概率重要度及排序,就可以知道在诸多基本事件中,降低哪个基本事件的发生概率,就可以迅速降低顶事件的发生概率,从而有效控制概率重要度大的基本事件,采取措施降低其发生的概率。

2. 基本事件的临界重要度

概率重要度反映的是基本事件发生概率的变化对顶事件发生概率的影响程度,而与该基本事件自身发生概率的大小无关。例如:一些概率很小的基本事件,其概率重要度很大。而在实际中,要想使概率值已经很小的基本事件的概率值进一步减小的难度很大,从而影响了概率重要度对实际安全工作的指导意义。为了弥补这点不足,采用顶事件发生概率的相

对变化率与基本事件发生概率的相对变化率之比,来表示基本事件的重要程度,称这个比值为临界重要度,又称关键重要度。

基本事件的临界重要度主要反映了当基本事件发生概率变化时,对顶事件发生概率变化量的影响程度。

$$I_{Cr(i)} = \lim_{\Delta q_i \to 0} \left(\frac{\Delta g(\boldsymbol{q})/g(\boldsymbol{q})}{\Delta q_i/q_i} \right) = \frac{q_i}{g(\boldsymbol{q})} \lim_{\Delta q_i \to 0} \left(\frac{\Delta g(\boldsymbol{q})}{\Delta q_i} \right)$$

$$= \frac{q_i}{g(\boldsymbol{q})} \frac{\partial g(\boldsymbol{q})}{\partial q_i} = I_{g(i)} \frac{q_i}{g(\boldsymbol{q})} \tag{4.31}$$

式中:$I_{Cr(i)}$ 为第 i 个基本事件的临界重要度;$g(\boldsymbol{q})$ 为顶事件发生概率(故障树的概率函数);q_i 为第 i 个基本事件的发生概率;$I_{g(i)}$ 为第 i 个基本事件的概率重要度。

根据前面的例子,按式(4.31)计算基本事件的临界重要度为

$$I_{Cr(1)} = 0.39, \quad I_{Cr(2)} = 0.02, \quad I_{Cr(3)} = 0.74, \quad I_{Cr(4)} = 0.62, \quad I_{Cr(5)} = 0.25$$

临界重要度排序为

$$I_{Cr(3)} > I_{Cr(4)} > I_{Cr(1)} > I_{Cr(5)} > I_{Cr(2)}$$

由此可知,结构重要度关注哪个基本事件对顶事件的发生影响大,即哪个基本事件最容易引起顶事件的发生,但不考虑这个基本事件的发生概率是多少;概率重要度关注哪个基本事件概率的变化对顶事件发生概率的影响大,但是不考虑这个基本事件本身发生的概率大小;临界重要度关注当基本事件发生概率变化时,对顶事件发生概率变化量的影响程度,不仅关注基本事件对顶事件的影响,而且关注基本事件本身发生概率的大小。

4.5　因　果　分　析

4.5.1　基本概念

因果分析(Cause-Consequence Analysis,CCA)是以事故致因理论之中的事故因果理论(即事故因果连锁理论)为基础的。

1936 年,美国学者海因里希(Heinrich)在《工业事故预防》一书中提出了事故因果连锁理论。在该理论中,海因里希借助于多米诺骨牌形象地描述了事故的因果连锁关系,即事故的发生是一连串事件按一定顺序互为因果依次发生的结果。如果一块骨牌倒下,则将引发连锁反应,使后面的骨牌

因果分析 CCA

依次倒下。海因里希模型设计了 5 块骨牌,分别代表遗传及社会环境、人的缺点、人的不安全行为和物的不安全状态、事故、伤害,其中人的不安全行为和物的不安全状态是事故发生的直接原因。图 4-51 给出了海因里希多米诺骨牌的示意图。

任何一块骨牌的倒下都会引发事故,从而导致伤害。如果移去因果连锁中的任何一块骨牌,则连锁被破坏,事故过程就可以被中止,从而达到控制事故的目的。因此,控制多米诺骨牌中的任意一块,就可以控制事故的发生。事故因果连锁理论又称海因里希模型或多米诺骨牌理论。

遗传及社会环境　人的缺点　人的不安全行为和　事故　伤害
　　　　　　　　　　　　　　　物的不安全状态

图 4-51　海因里希多米诺骨牌的示意图

　　因果分析借鉴了海因里希的因果连锁理论,所不同的是,骨牌的数量和描述的事故原因可以更加丰富,范围可以更加广泛。从这个层面上来说,因果分析是海因里希思想的改进和完善。

4.5.2　因果分析的类型

　　根据致因理论,事故发生有三种类型,如图 4-52 所示。

(1)集中型:多原因导致事故发生。

(2)连锁型:由一个原因引起另一个原因,直至引起事故发生。

(3)复合型:既有集中型,又有连锁型。

图 4-52　事故因果分析的三种类型的示意图

4.5.3　事故因果分析的方法

1.因果分析图法(鱼刺图法)

　　鱼刺图法将系统中所发生(或预测发生)事故的原因和结果之间的关系,采用简单文字和线条绘制成图(见图 4-53),进行直观分析,分析图类似去掉鱼肉的鱼刺,属于定性分析方法,其分析步骤如图 4-54 所示。上述步骤可归纳为:针对结果,分析原因,先主后次,层层深入。

　　【例 4-21】　井下开采矿石的危险源存在于生产过程的各个环节,这就需要应用系统工程的理论与方法,分析和评价生产系统的危险性,调整生产工艺、生产设备、操作规程、生产周期等,使系统可能发生的事故得到控制。图 4 - 55 是对井下开采生产爆炸事故进行因果分析的鱼刺图。

图 4 - 53　鱼刺图法的示意图

图 4 - 54　鱼刺图法的分析步骤

图 4 - 55　井下开采生产爆炸事故的鱼刺图

2.事件树和故障树结合的原因-结果分析法

原因-结果分析法结合事件树动态宏观分析和故障树静态微观分析。既可以定性分析，又可以定量分析。以下是该分析法的一般步骤：

(1)根据所研究的事故系统,绘制事件树。

(2)以事件树的初始事件和处于危险、失败、故障的后续事件作为故障树的顶事件绘故障树。

(3)两者结合,形成分析图。

(4)计算故障树顶事件发生的概率。

(5)计算事件树各事件连锁关系发生概率,进而确定危险程度和事故损失。

前 3 步属于定性分析,后 2 步属于定量分析。

【例 4 - 22】 飞机空中失火是指飞机在飞行过程中,由于发生机械故障或遭受其他意外而使飞机失火。为了保证飞机的飞行安全,设其防护措施的实施步骤分别为火灾报警系统、自动灭火系统、人员灭火。其中火灾报警系统失效的原因是报警控制故障或报警器故障,自动灭火系统失效的原因为自动灭火器控制失灵或自动灭火器故障,人员灭火失效的原因为人员操作失误或灭火器故障。各失效事件发生的概率见表 4 - 24,画出事件树和故障树结合的原因-结果分析法,并求发生火灾事故的概率。

表 4 - 24 飞机失火的失效事件发生概率

失效事件	报警控制故障	报警器故障	自动灭火器控制失灵	自动灭火器故障	人员操作失误	灭火器故障
发生概率	0.05	0.01	0.02	0.02	0.10	0.04

解: 事件树和故障树结合的原因-结果分析图如图 4 - 56 所示。A、B、C 分别表示火灾报警系统、自动灭火系统、人员灭火。$x_1, x_2, \cdots, x_6$ 分别表示报警控制故障、报警器故障、自动灭火器控制失灵、自动灭火器故障、人员操作失误和灭火器故障。

图 4 - 56 电机过热引起火灾的原因-结果分析图

发生火灾的概率为

$$\bar{P} = P(S_4) = P(\bar{A})P(\bar{B})P(\bar{C}) = (0.05 + 0.01 - 0.05 \times 0.01) \times$$

$$(0.02 + 0.02 - 0.02 \times 0.02) \times (0.10 + 0.04 - 0.10 \times 0.04) = 0.000\ 320\ 44$$

4.6　故障分析技术方法总结

综合上述的 5 种故障分析技术,得出结论(见表 4 - 25)。

表 4 - 25　故障分析技术综合列表

分析方法	故障模式、影响及危害性分析	可靠性框图	事件树分析	故障树分析	因果分析
归纳法	√	√	√		√
演绎法				√	
定性法	√	√	√	√	√
定量法	√	√	√	√	√
静态法	√	√		√	
动态法			√		√

其中:分类原则的归纳法是由原因推结果;演绎法是由事故去寻找原因;定性法用感性判断;定量法是用数据量化描述;静动态的划分依据分析中是否考虑事故发展过程或环境变化。

思　考　题

1.试对你所熟悉的系统进行故障模式影响分析。

2.某电视接收器的 1 个电路由 3 个管状电容(C_1,C_2,C_3)、2 个薄膜电阻(R_1,R_2)和线圈 L_1 组成,如图 4 - 57 所示。已知电容的失效率 $\lambda = 0.22 \times 10^{-6}$/h,电阻失效率 $\lambda = 1.5 \times 10^{-6}$/h,线圈的失效率为 $\lambda = 0.1 \times 10^{-6}$/h,该电路在任务阶段的工作时间是 0.5 h,请制作其故障模式、影响及危害性分析表。

图 4 - 57　题 2 图

3. 一个仓库设有由火灾检测系统和喷淋系统组成的自动灭火系统。设火灾检测系统可靠度和喷淋系统可靠度皆为 0.99,应用事件树分析计算一旦发生失火时,自动灭火失败的概率。

4. 飞机主起落架未放到位置的故障树分析。起落架正常情况下由液压系统收放,当液压系统发生故障时,可采用应急系统放下起落架,起落架收起,由上位锁锁住,放下时由收放作动筒的钢珠锁及液压油锁锁住。起落架未放到位置包括起落架放不下来和起落架放下后锁不住。其故障树如图 4-58 所示,请分析故障树的结构函数、最小割集、最小路集,依据表 4-26 中的基本事件的发生概率,定量分析顶事件发生的概率,并分析结构重要度、概率重要度和关键重要度,对基本事件进行排序。

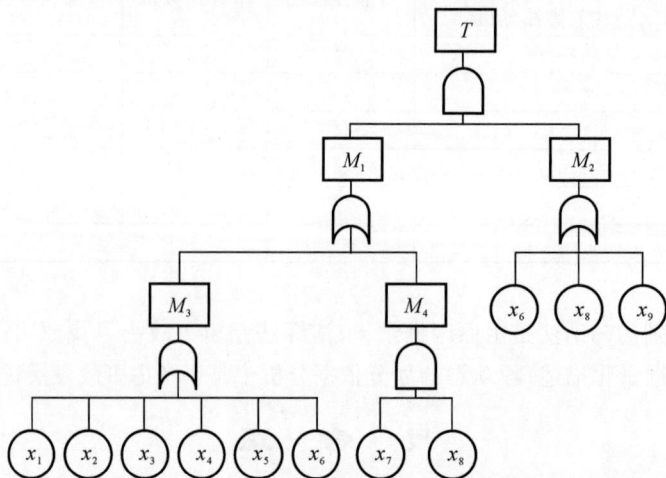

图 4-58　飞机主起落架未放到位置故障树

表 4-26　飞机主起落架故障树中事件含义及基本事件发生概率列表

序　号	事　件	事件名称	发生概率
1	T	主起落架未放到位置	—
2	M_1	正常情况下未放到位置	—
3	M_2	紧急情况下未放到位置	—
4	M_3	主起落架放不下来	—
5	M_4	主起落架放下后锁不住	—
6	x_1	液压电磁阀失效	2.5×10^{-5}
7	x_2	开锁作动筒失效	1.25×10^{-5}
8	x_3	护板锁打不开	1×10^{-13}
9	x_4	护板作动筒失效	7.15×10^{-5}
10	x_5	上位锁机构卡死	2×10^{-13}
11	x_6	主起落架收放作动筒失效	1.25×10^{-5}
12	x_7	液压油锁失效	2×10^{-8}
13	x_8	主起落架收放作动筒滚珠锁失效	1.5×10^{-5}
14	x_9	应急放下时上位锁及护板锁打不开	3.57×10^{-5}

第5章 结构可靠性分析与设计

1986年1月28日上午,美国航天飞机"挑战者"号升空73 s后突然爆炸,价值12亿美元的航天飞机被炸成碎片坠入大西洋,7名机组人员全部遇难,最后调查认为:航天飞机发射时气温过低,寒冷的天气对火箭垫圈(密封失效)产生影响,最终导致爆炸。2003年1月,美国"哥伦比亚"号航天飞机在发射中机翼被脱落的泡沫材料击伤,导致航天飞机返航时解体,美国航空航天局调查后确认:航天飞机外部燃料箱表面泡沫材料安装过程中存在的缺陷,外部燃料箱表面脱落的一块泡沫材料击中航天飞机热保护系统,导致防热瓦脱落,使机体在返回中难以承受过热的高温从而解体。

这些重大事故都是由于结构或材料的问题而引起的,属于结构可靠性的范畴。结构与电子产品的不同也导致可靠性工作之间存在差异。现行的电子可靠性设计、试验、技术与标准的部分内容不能完全适用于结构可靠性分析,必须对其进行适当的剪裁、增补和修改。但结构可靠性与电子产品可靠性的工作目标是一致的,电子产品可靠性工程的基本原理对结构可靠性同样适用,其中部分方法也可直接用于结构可靠性的分析中。

结构可靠性涉及的内容广泛,研究的对象不同,研究的目的也不同。概括起来有结构的静强度可靠性、刚度可靠性、断裂可靠性、疲劳可靠性、振动可靠性等。结构可靠性研究内容包括主要失效模式的确定、主要影响因素及其统计特性的描述、数学模型的建立及可靠度的计算方法等。

本章主要讨论结构静强度可靠性,它是进一步考虑其他结构可靠性的基础。

5.1 安全余量方程

目前结构静强度可靠性分析的方法大致包括以下两类:

1. 数学模型法

设想可靠性的变化遵从某些由实验确定的统计规律,即通过实验数据拟合可靠性函数或统计其分散性。其缺点是没有阐明失效产生的原因,也没有指出消除失效的可能性。

2. 物理原因法

应力-强度静态模型:认为施加在结构上的应力S和强度R均为服从一定分布的随机变量,结构的可靠度是结构强度大于施加在其上应力的概率,即$R_e = P(R > S)$,此时计算可靠度所用的初始数据也是由统计得到的,但并不是可靠性本身的特征量,而是材料参数、几何尺寸、外载荷等参量的统计资料。其优点是考虑了导致失效的原因,结构应力大于了材料本身的强度。

应力-强度动态模型:将可靠性定义为随机过程或随机场不超出规定任务水平的概率。为计算动态模型的可靠度,同样需要初始的统计资料,从而得到随机过程或随机场的统计参数,但这种参数的确定比静态模型统计参数的确定要困难得多。

故这里只讨论应力-强度静态模型。结构元件静强度可靠性,可认为只与两个随机变量有关,即元件强度 R 与元件应力 S。对于静强度而言,结构元件能否安全承载的判别式就是安全余量方程或功能函数:

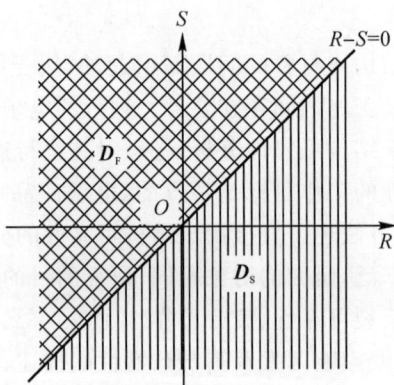

$$M = R - S$$

安全余量方程将整个变量空间分成两部分(见图 $5-1$),即

$$M = R - S \begin{cases} > 0, & \text{安全区域 } \boldsymbol{D}_S \\ \leqslant 0, & \text{失效区域 } \boldsymbol{D}_F \end{cases}$$

采用等号时,将 $M = R - S = 0$ 称为安全边界方程或破坏面方程或极限状态方程。

安全余量
方程

图 5-1　安全余量方程及变量空间的划分

5.2　应力-强度干涉模型

由试验和理论分析可以得到随机变量 R 和 S 的概率密度函数分别为 $f_R(r)$ 和 $f_S(s)$,强度和应力的均值分别为 μ_R 和 μ_S。强度和应力的概率密度函数之间的位置关系有如图 $5-2$ 所示的三种情况。

在图 $5-2$ 所示的三种位置关系中:图 $5-2(a)$ 中 S 的可能取值恒大于 R,故结构总是处于失效状态,即结构设计存在重大缺陷;图 $5-2(b)$ 中 R 的可能取值恒大于 S,故结构总处于安全状态,结构设计偏保守;图 $5-2(c)$ 中,R 和 S 存在干涉区,由于存在干涉区,在干涉区内的任一应力具体值 S_0,位于其左边对

应力-强度
干涉理论

应于 f_R 分布的那部分值,都代表强度 R 小于此应力值 S_0,强度小于应力,意味着结构元件不能承载,即元件失效,失效概率的大小与干涉区大小有关。元件的失效概率可以表示为

$$P_f = P(R - S \leqslant 0)$$

关注应力和强度的干涉区,放大图如图 5-3 所示。

图 5-2　强度和应力的概率密度函数之间的位置关系

图 5-3　干涉区域放大图

可分成以下 4 个步骤推导失效概率 P_f 的普遍表达式。

(1)元件应力值 S 位于 s_0 附近 $\mathrm{d}s$ 区间内的概率为

$$P\left(s_0 - \frac{\mathrm{d}s}{2} \leqslant S \leqslant s_0 + \frac{\mathrm{d}s}{2}\right) = f_S(s_0)\mathrm{d}s$$

(2)元件强度 R 小于某一应力 s_0 的概率为

$$P(R \leqslant s_0) = \int_{-\infty}^{s_0} f_R(r)\mathrm{d}r$$

(3)元件应力位于 s_0 附近的 $\mathrm{d}s$ 区间内,同时强度 R 小于此区间内应力的概率为

$$f_S(s_0)\mathrm{d}s \int_{-\infty}^{s_0} f_R(r)\mathrm{d}r$$

(4)对于应力 S 随机变量的所有可能值,强度 R 小于应力 S 的概率,即失效概率为

$$P_f = \int_{-\infty}^{+\infty} f_S(s)\left[\int_{-\infty}^{s} f_R(r)\mathrm{d}r\right]\mathrm{d}s = \int_{-\infty}^{+\infty} f_S(s)F_R(s)\mathrm{d}s$$

则可靠度为

$$R_e = 1 - P_f = 1 - \int_{-\infty}^{+\infty} f_S(s)F_R(S)\mathrm{d}s = \int_{-\infty}^{+\infty} f_S(s)\left[\int_{s}^{+\infty} f_R(r)\mathrm{d}r\right]\mathrm{d}s$$

或

$$R_e = \int_{-\infty}^{+\infty} f_S(s)[1 - F_R(s)]\mathrm{d}s$$

如果从概率论的角度,如何推导 P_f 或 R_e 的表达式呢?

由概率论中随机变量函数的分布规律可知，$M=R-S$ 的概率密度函数（R 与 S 相互独立），由卷积公式可得

$$f_M(m)=\int_{-\infty}^{+\infty}f_S(s)f_R(m+s)\mathrm{d}s$$

则失效概率及可靠度为

$$P_f=\int_{-\infty}^0 f_M(m)\mathrm{d}m$$

$$R_e=\int_0^{+\infty}f_M(m)\mathrm{d}m$$

失效概率的大小与干涉区大小有关，可以根据干涉面积（见图 5-4 阴影部分）推断 P_f 或 R_e 的上、下限。

图 5-4 干涉区域面积划分

设应力和强度的概率密度函数 $f_S(s)$ 和 $f_R(r)$ 交点的横坐标为 $s_0=r_0$，干涉面积（即阴影部分的面积）为 $\alpha_1+\alpha_2$，则

$$\alpha_1=\int_{-\infty}^{r_0}f_R(r)\mathrm{d}r,\alpha_2=\int_{s_0}^{+\infty}f_S(s)\mathrm{d}s$$

考虑极值情况，可以看出结构可靠度与干涉面积之间的关系为

$$\alpha_1+\alpha_2\uparrow\longrightarrow R_e\downarrow$$

$$\alpha_1+\alpha_2\downarrow\longrightarrow R_e\uparrow$$

在应力 S 和强度 R 相互独立的情况下，结构的失效概率为

$$P_f=\int_{-\infty}^{+\infty}f_S(s)\left[\int_{-\infty}^s f_R(r)\mathrm{d}r\right]\mathrm{d}s\geqslant\int_{s_0}^{+\infty}f_S(s)\left[\int_{-\infty}^{s_0}f_R(r)\mathrm{d}r\right]\mathrm{d}s$$

$$=\int_{s_0}^{+\infty}\alpha_1 f_S(s)\mathrm{d}s=\alpha_1\alpha_2$$

即

$$P_f\geqslant\alpha_1\alpha_2$$

另外，结构的可靠度可表示为

$$R_e=\int_{-\infty}^{+\infty}f_R(r)\left[\int_{-\infty}^r f_S(s)\mathrm{d}s\right]\mathrm{d}r\geqslant\int_{r_0}^{+\infty}f_R(r)\left[\int_{-\infty}^{s_0}f_S(s)\mathrm{d}s\right]\mathrm{d}r$$

$$\geqslant\int_{R_0}^{+\infty}f_R(r)\left[1-\int_{s_0}^{+\infty}f_S(s)\mathrm{d}s\right]\mathrm{d}r=(1-\alpha_2)\int_{r_0}^{+\infty}f_R(r)\mathrm{d}r$$

$$= (1-\alpha_1)(1-\alpha_2)$$

即

$$R_e \geqslant (1-\alpha_1)(1-\alpha_2)$$

从而

$$
\begin{cases}
1-P_f \geqslant (1-\alpha_1)(1-\alpha_2) \\
P_f \geqslant \alpha_1\alpha_2
\end{cases}
$$

因此

$$
\begin{cases}
\alpha_1\alpha_2 \leqslant P_f \leqslant \alpha_1+\alpha_2-\alpha_1\alpha_2 \\
1-\alpha_1\alpha_2 \geqslant R_e \geqslant 1-\alpha_1-\alpha_2+\alpha_1\alpha_2
\end{cases}
$$

由此可得出如下结论:结构的失效概率不等于干涉区阴影部分的面积。R_e 总是小于 $1-\alpha_1\alpha_2$,因此将 $1-\alpha_1\alpha_2$ 作为结构可靠度的上限,作为衡量结构可靠性的一种指标,称作结构的非失效保证度。

5.3　可靠性分析的近似解析法

可靠性分析就是通过将基本变量的统计规律传递到功能函数,求得功能函数的概率密度函数,进而求解失效概率。

一次二阶矩方法(First Order and Second Moment,FOSM)是可靠性分析中一种最简单的方法,其基本思想就是将非线性的功能函数进行线性化,然后通过基本变量的一阶矩和二阶矩来计算线性化后的功能函数的一阶矩和二阶矩,进而近似得到功能函数的失效概率。一次二阶矩方法包括均值一次二阶矩方法(Mean Value FOSM,MVFOSM)和改进一次二阶矩方法(Advanced FOSM,AFOSM)。均值一次二阶矩方法和改进一次二阶矩方法的区别在于二者线性化的点是不同的,前者是在基本变量的均值点处进行线性化,而后者则是在对失效概率贡献最大的点,即最可能失效点(most probable point in the failure domain)——设计点(design point)处线性化。以下将给出这两种可靠性分析方法的基本原理和实现过程。

5.3.1　均值一次二阶矩可靠性分析方法

功能函数是基本变量的函数,由概率论基本原理可知,当功能函数为基本变量的线性函数且基本变量服从正态分布时,功能函数输出也服从正态分布,并且功能函数输出的分布参数可以由基本变量的一阶矩和二阶矩简单推导求得。基于这一原理,均值一次二阶矩方法在基本变量的均值点处将非线性的功能函数用泰勒级数展开成线性表达式,以线性功能函数代替原非线性功能函数,求解线性方程的可靠度指标,从而得到原功能函数的近似失效概率。

均值一次
二阶矩法

设功能函数为

$$Z = g(x_1, x_2, \cdots, x_n) \tag{5.1}$$

并设上述功能函数中的基本随机变量服从正态分布，即 $x_i \sim N(\mu_{x_i}, \sigma_{x_i}^2)(i=1,2,\cdots,n)$。

1. 线性功能函数情况下可靠性分析的基本计算公式

当功能函数 $Z=g(\boldsymbol{x})$ 是 $\boldsymbol{x}$ 的线性函数，即

$$Z=g(\boldsymbol{x})=a_0+\sum_{i=1}^{n}a_ix_i \tag{5.2}$$

式中：$a_i(i=0,1,\cdots,n)$ 为常数。

则功能函数的均值 μ_g 和方差 σ_g^2 可表示为

$$\mu_g=a_0+\sum_{i=1}^{n}a_i\mu_{x_i} \tag{5.3}$$

$$\sigma_g^2=\sum_{i=1}^{n}a_i^2\sigma_{x_i}^2+\sum_{i=1}^{n}\sum_{\substack{j=1\\j\neq i}}^{n}a_ia_j\mathrm{Cov}(x_i,x_j) \tag{5.4}$$

式中：$\mathrm{Cov}(x_i,x_j)$ 是 x_i 和 x_j 的协方差，$\mathrm{Cov}(x_i,x_j)=\rho_{x_ix_j}\sigma_{x_i}\sigma_{x_j}$，其中 $\rho_{x_ix_j}$ 为 x_i 和 x_j 的相关系数。

当基本变量相互独立时，方差 σ_g^2 简化为

$$\sigma_g^2=\sum_{i=1}^{n}a_i^2\sigma_{x_i}^2 \tag{5.5}$$

依据正态变量的线性组合仍然服从正态分布，且正态分布的密度函数由均值和方差唯一确定的原理，可得到功能函数服从正态分布，即 $Z \sim N(\mu_g,\sigma_g^2)$。将功能函数的均值 μ_g 和标准差 σ_g 的比值记为可靠度指标 β，则有

$$\beta=\frac{\mu_g}{\sigma_g}=\frac{a_0+\sum_{i=1}^{n}a_i\mu_{x_i}}{\sqrt{\sum_{i=1}^{n}a_i^2\sigma_{x_i}^2+\sum_{i=1}^{n}\sum_{\substack{j=1\\j\neq i}}^{n}a_ia_j\mathrm{Cov}(x_i,x_j)}} \tag{5.6}$$

由此便可得到一次二阶矩方法的可靠度 R_e 和失效概率 P_f 分别为

$$R_e=P\{Z>0\}=P\left\{\frac{Z-\mu_g}{\sigma_g}>-\frac{\mu_g}{\sigma_g}\right\}=1-\Phi(-\beta)=\Phi(\beta) \tag{5.7}$$

$$P_f=P\{Z\leqslant0\}=P\left\{\frac{Z-\mu_g}{\sigma_g}\leqslant-\frac{\mu_g}{\sigma_g}\right\}=\Phi(-\beta) \tag{5.8}$$

式中：$\Phi(\cdot)$ 为标准正态变量的累积分布函数，可查附录 B.1。

2. 非线性功能函数情况下可靠性分析的基本计算公式

当功能函数为基本变量的非线性函数时，均值一次二阶矩方法是将功能函数在基本变量的均值点 $\boldsymbol{\mu}_x=\{\mu_{x_1},\mu_{x_2},\cdots,\mu_{x_n}\}$ 处线性展开成泰勒级数，即

$$Z=g(x_1,x_2,\cdots,x_n)\approx g(\mu_{x_1},\mu_{x_2},\cdots,\mu_{x_n})+\sum_{i=1}^{n}\frac{\partial g}{\partial x_i}\bigg|_{\boldsymbol{\mu}_x}(x_i-\mu_{x_i}) \tag{5.9}$$

式中：$\dfrac{\partial g}{\partial x_i}\bigg|_{\boldsymbol{\mu}_x}$ 表示功能函数对基本变量 x_i 的偏导数在均值点 $\boldsymbol{\mu}_x$ 处的取值。然后由式(5.9)的线性化功能函数，近似得到功能函数的均值 μ_g 和方差 σ_g^2 为

$$\mu_g = g\left(\mu_{x_1}, \mu_{x_2}, \cdots, \mu_{x_n}\right) \tag{5.10}$$

$$\sigma_g^2 = \sum_{i=1}^{n} \left.\frac{\partial g}{\partial x_i}\right|_{\boldsymbol{\mu}_x}^2 \sigma_{x_i}^2 + \sum_{i=1}^{n} \sum_{\substack{j=1 \\ j \neq i}}^{n} \left.\frac{\partial g}{\partial x_i}\right|_{\boldsymbol{\mu}_x} \left.\frac{\partial g}{\partial x_j}\right|_{\boldsymbol{\mu}_x} \mathrm{Cov}(x_i, x_j) \tag{5.11}$$

若各基本变量相互独立,则式(5.11)可简化为

$$\sigma_g^2 = \sum_{i=1}^{n} \left.\frac{\partial g}{\partial x_i}\right|_{\boldsymbol{\mu}_x}^2 \sigma_{x_i}^2 \tag{5.12}$$

在非线性功能函数的情况下,近似求得可靠度指标 β 和失效概率 P_f 为

$$\beta = \frac{\mu_g}{\sigma_g} = \frac{g\left(\mu_{x_1}, \mu_{x_2}, \cdots, \mu_{x_n}\right)}{\sqrt{\sum_{i=1}^{n} \left.\frac{\partial g}{\partial x_i}\right|_{\boldsymbol{\mu}_x}^2 \sigma_{x_i}^2 + \sum_{i=1}^{n} \sum_{\substack{j=1 \\ j \neq i}}^{n} \left.\frac{\partial g}{\partial x_i}\right|_{\boldsymbol{\mu}_x} \left.\frac{\partial g}{\partial x_j}\right|_{\boldsymbol{\mu}_x} \mathrm{Cov}(x_i, x_j)}} \tag{5.13}$$

$$P_f = \Phi(-\beta) \tag{5.14}$$

【例 5 - 1】　假设 N_t 与 N^* 分别为结构的真实寿命和允许寿命,二者均为相互独立的正态随机变量,其余量方程为

(1)$M = N_t - N^*$;

(2)$M = \ln N_t - \ln N^*$。

已知 N_t 和 N^* 的均值分别为 10^8 h 和 10^7 h,标准差为 10^7 h 和 10^6 h,用 MVFOSM 求两个方程的可靠度指标 β。

解:(1)$M = N_t - N^*$。

对于线性函数,MVFOSM 所得的可靠度指标为

$$\beta = \frac{\mu_M}{\sigma_M} = \frac{\mu_{N_t} - \mu_{N^*}}{\sqrt{\sigma_{N_t}^2 + \sigma_{N^*}^2}} = \frac{10^8 - 10^7}{\sqrt{10^{14} + 10^{12}}} = \frac{90}{\sqrt{101}} = 8.955$$

(2)$M = \ln N_t - \ln N^*$。

对于非线性函数,MVFOSM 在均值点处线性展开为

$$M \approx M(\boldsymbol{\mu}) + \sum_{i=1}^{n} \left[\left.\frac{\partial M}{\partial x_i}\right|_{\boldsymbol{\mu}_x} (x_i - \mu_{x_i})\right]$$

$$= \ln(\mu_{N_t}) - \ln(\mu_{N^*}) + \left[\frac{1}{\mu_{N_t}}(N_t - \mu_{N_t}) - \frac{1}{\mu_{N^*}}(N^* - \mu_{N^*})\right]$$

$$\beta = \frac{\mu_M}{\sigma_M} = \frac{\ln(\mu_{N_t}) - \ln(\mu_{N^*})}{\sqrt{\frac{1}{\mu_{N_t}^2}\sigma_{N_t}^2 + \frac{1}{\mu_{N^*}^2}\sigma_{N^*}^2}} = \frac{\ln 10^8 - \ln 10^7}{\sqrt{10^{-2} + 10^{-2}}} = 16.282$$

5.3.2　均值一次二阶矩可靠性分析方法的优缺点

从 5.3.1 节可以看出,均值一次二阶矩方法对于线性功能函数且基本变量为正态变量的问题可以得到失效概率的精确解。当基本变量的分布形式未知,但其均值(一阶矩)和标准差(二阶矩)已知时,由均值一次二阶矩方法可以求得失效概率的近似解。尽管均值一次二阶矩方法的适用范围非常有限,而且它还需要求解功能函数对基本变量的偏导数,但由于

其容易实现,且仅需要知道基本变量的一阶矩和二阶矩,所以在工程中有一定的应用价值。必须指出的是,该方法具有致命的弱点,那就是它对于物理意义相同而数学表达式不同的非线性问题有可能得到完全不同的失效概率(见例5-1),这就要求在选择功能函数时,应尽量选择线性化程度较好的形式,以便采用均值一次二阶矩法能够得到精度较高的解。针对均值一次二阶矩方法存在的致命弱点,可靠性研究者提出了改进一次二阶矩可靠性分析方法。

5.3.3　改进一次二阶矩可靠性分析方法

改进一次二阶矩法是由 Hasofer-Lind 提出的,英文为 Advanced First Order and Second Moment,故又称为 AFOSM 法。从原理上来说,改进一次二阶矩法与均值一次二阶矩法是类似的,它也是通过将非线性功能函数线性展开,然后用线性功能函数的失效概率来近似原非线性功能函数的失效概率。与均值一次二阶矩法的不同之处在于,改进一次二阶矩方法将功能函数线性化的点是失效域中的最可能失效点(Most Probable Point, MPP)(又称设计点),而均值一次二阶矩法线性化的点是基本变量的均值

改进一次
二阶矩概述

点。对于一个给定的非线性功能函数,其失效域中的最可能点是不能预先得知的,它需要通过迭代或者寻优来求得。

1. AFOSM 的原理及计算公式

设包含相互独立正态基本随机变量 $x_i \sim N(\mu_{x_i}, \sigma_{x_i}^2)$($i=1,2,\cdots,n$)的功能函数为 $Z = g(x_1, x_2, \cdots, x_n)$,该功能函数定义的失效域为 $\mathbf{D}_F = \{\boldsymbol{x}: g(\boldsymbol{x}) \leqslant 0\}$。当功能函数为线性时,改进一次二阶矩方法与均值一次二阶矩法的分析结果是完全一致的,因此只讨论功能函数为非线性的情况。设在失效域中的最可能失效点——设计点为 $\boldsymbol{P}^*(x_1^*, x_2^*, \cdots, x_n^*)$,则设计点一定在失效边界 $g(x_1, x_2, \cdots, x_n) = 0$ 上,将非线性的功能函数在设计点处展开,取线性部分,有

$$Z = g(x_1, x_2, \cdots, x_n) \approx g(x_1^*, x_2^*, \cdots, x_n^*) + \sum_{i=1}^{n} \frac{\partial g}{\partial x_i}\bigg|_{\boldsymbol{P}^*} (x_i - x_i^*) \quad (5.15)$$

由于设计点 $\boldsymbol{P}^*$ 在极限状态方程 $g(x_1, x_2, \cdots, x_n) = 0$ 定义的失效边界上,所以有 $g(x_1^*, x_2^*, \cdots, x_n^*) = 0$,将 $g(x_1^*, x_2^*, \cdots, x_n^*) = 0$ 代入式(5.15),便可得到原功能函数对应的线性极限状态方程为

$$\sum_{i=1}^{n} \frac{\partial g}{\partial x_i}\bigg|_{\boldsymbol{P}^*} (x_i - x_i^*) = 0 \quad (5.16)$$

整理上述方程后可得

$$\sum_{i=1}^{n} \frac{\partial g}{\partial x_i}\bigg|_{\boldsymbol{P}^*} x_i - \sum_{i=1}^{n} \frac{\partial g}{\partial x_i}\bigg|_{\boldsymbol{P}^*} x_i^* = 0 \quad (5.17)$$

上述线性极限状态方程的可靠度指标 β 和失效概率 P_f 可以由下列两式精确求解:

$$\beta = \frac{\sum\limits_{i=1}^{n} \frac{\partial g}{\partial x_i}\bigg|_{\boldsymbol{P}^*} \mu_{x_i} - \sum\limits_{i=1}^{n} \frac{\partial g}{\partial x_i}\bigg|_{\boldsymbol{P}^*} x_i^*}{\left[\sum\limits_{i=1}^{n} \frac{\partial g}{\partial x_i}\bigg|_{\boldsymbol{P}^*}^2 \sigma_{x_i}^2 \right]^{1/2}} = \frac{\sum\limits_{i=1}^{n} \frac{\partial g}{\partial x_i}\bigg|_{\boldsymbol{P}^*} (\mu_{x_i} - x_i^*)}{\left[\sum\limits_{i=1}^{n} \frac{\partial g}{\partial x_i}\bigg|_{\boldsymbol{P}^*}^2 \sigma_{x_i}^2 \right]^{1/2}} \quad (5.18)$$

$$P_f = \Phi(-\beta) \quad (5.19)$$

2. 可靠度指标及设计点的几何意义

AFOSM 方法是在设计点处将非线性功能函数展开成线性函数,采用线性化的功能函数的可靠性分析来替代原非线性功能函数的结果。为说明上述问题中可靠度指标与设计点的几何意义,首先将正态分布的基本变量进行标准化变换,即令

$$y_i = \frac{x_i - \mu_{x_i}}{\sigma_{x_i}} \quad (i = 1, 2, \cdots, n) \tag{5.20}$$

$$y_i \sim N(0, 1) \tag{5.21}$$

将式(5.20)的逆变换 $x_i = \sigma_{x_i} y_i + \mu_{x_i}$ 代入线性化的极限状态方程式(5.17)中,则可得到标准正态空间中的极限状态方程为

$$\sum_{i=1}^{n} \frac{\partial g}{\partial x_i}\bigg|_{\boldsymbol{P}^*} (y_i \sigma_{x_i} + \mu_{x_i}) - \sum_{i=1}^{n} \frac{\partial g}{\partial x_i}\bigg|_{\boldsymbol{P}^*} x_i^* = 0 \tag{5.22}$$

将式(5.22)两边乘 $-\left[\sum_{j=1}^{n} \frac{\partial g}{\partial x_j}\bigg|_{\boldsymbol{P}^*}^2 \sigma_{x_j}^2\right]^{1/2}$,可得到如下所示的标准型法线方程:

$$-\sum_{i=1}^{n} \frac{\dfrac{\partial g}{\partial x_i}\bigg|_{\boldsymbol{P}^*} \sigma_{x_i}}{\left[\sum_{j=1}^{n} \dfrac{\partial g}{\partial x_j}\bigg|_{\boldsymbol{P}^*}^2 \sigma_{x_j}^2\right]^{1/2}} y_i = \frac{\sum_{i=1}^{n} \dfrac{\partial g}{\partial x_i}\bigg|_{\boldsymbol{P}^*} \mu_{x_i} - \sum_{i=1}^{n} \dfrac{\partial g}{\partial x_i}\bigg|_{\boldsymbol{P}^*} x_i^*}{\left[\sum_{j=1}^{n} \dfrac{\partial g}{\partial x_j}\bigg|_{\boldsymbol{P}^*}^2 \sigma_{x_j}^2\right]^{1/2}} \tag{5.23}$$

记式(5.23)中 y_i 的系数为

$$\lambda_i = -\frac{\dfrac{\partial g}{\partial x_i}\bigg|_{\boldsymbol{P}^*} \sigma_{x_i}}{\left[\sum_{j=1}^{n} \dfrac{\partial g}{\partial x_j}\bigg|_{\boldsymbol{P}^*}^2 \sigma_{x_j}^2\right]^{1/2}} = \cos\theta_i \quad (i = 1, 2, \cdots, n) \tag{5.24}$$

而右端常数项(即可靠度指标)为

$$\beta = \frac{\sum_{i=1}^{n} \dfrac{\partial g}{\partial x_i}\bigg|_{\boldsymbol{P}^*} \mu_{x_i} - \sum_{i=1}^{n} \dfrac{\partial g}{\partial x_i}\bigg|_{\boldsymbol{P}^*} x_i^*}{\left[\sum_{j=1}^{n} \dfrac{\partial g}{\partial x_j}\bigg|_{\boldsymbol{P}^*}^2 \sigma_{x_j}^2\right]^{1/2}} = \frac{\sum_{i=1}^{n} \dfrac{\partial g}{\partial x_i}\bigg|_{\boldsymbol{P}^*} (\mu_{x_i} - x_i^*)}{\left[\sum_{j=1}^{n} \dfrac{\partial g}{\partial x_j}\bigg|_{\boldsymbol{P}^*}^2 \sigma_{x_j}^2\right]^{1/2}} \tag{5.25}$$

此时,标准正态空间的极限状态方程如下:

$$\sum_{i=1}^{n} \lambda_i y_i = \beta \tag{5.26}$$

图 5-5 给出了二维情况下的该极限状态方程的几何示意。从图 5-5 可以看出,在标准正态空间中,可靠度指标的几何意义为坐标原点到极限状态方程的最短距离。在标准正态空间中,失效域中的最可能失效点为坐标原点到极限状态方程的垂线的垂足 $\boldsymbol{P}^*(y_1^*, y_2^*, \cdots, y_n^*)$,且有

$$y_i^* = \lambda_i \beta \tag{5.27}$$

将标准正态空间的设计点 $\boldsymbol{P}^*(y_1^*, y_2^*, \cdots, y_n^*)$ 变换到原坐标 $\boldsymbol{x}$ 空间,可得 $\boldsymbol{P}^*(x_1^*, x_2^*, \cdots, x_n^*)$ 的坐标如下:

$$x_i^* = \mu_{x_i} + \sigma_{x_i} y_i^* = \mu_{x_i} + \sigma_{x_i} \lambda_i \beta \quad (i = 1, 2, \cdots, n) \tag{5.28}$$

图 5-5 二维情况下标准正态空间中可靠性指标与设计点的几何示意图

又由于 $P^*(x_1^*, x_2^*, \cdots, x_n^*)$ 位于失效边界上,所以显然有

$$g(x_1^*, x_2^*, \cdots, x_n^*) = 0 \qquad (5.29)$$

上述设计点和可靠度指标的几何意义指出了求解它们的思路,即将基本变量空间标准正态化,在标准正态空间中采用最优化的方法,就可以求得设计点和可靠度指标。关于求设计点和可靠度的最优化方法有很多种,可以采用有梯度或无梯度的寻优方法。

3. 改进一次二阶矩迭代算法的具体计算步骤

由上述分析过程可知,要采用改进的一次二阶矩方法求解可靠度指标和失效概率,必须先知道设计点。显然对于一个给定的非线性功能函数,其设计点是不可能预先知道的,这就必须采用迭代或者寻优来进行问题的求解,以下给出了一种常用的改进一次二阶矩的迭代求解方法步骤。

(1)假定设计点坐标 x_i^* $(i=1,2,\cdots,n)$ 的初始值,一般取其均值 μ_{x_i};

(2)利用设定的初始设计点值,根据式(5.24)计算 λ_i;

(3)将 $x_i^* = \mu_{x_i} + \sigma_{x_i}\lambda_i\beta$ 代入式(5.29),得出关于 β 的方程;

(4)解关于 β 的方程,求出 β 值;

(5)将所得 β 值代入式(5.28),得出新的设计点坐标值;

(6)重复以上步骤,直到迭代前后两次的可靠度指标的相对误差满足精度要求为止。

上述 AFOSM 的迭代求解过程可以由如图 5-6 所示的计算流程图来实现。

对于例 5-1 中非线性功能函数 $M = \ln N_t - \ln N^*$ 采用 AFOSM 进行可靠性求解的步骤如下。

(1)第一步迭代:均值处线性化。

$$M \approx \ln(\mu_{N_t}) - \ln(\mu_{N^*}) + \left[\frac{1}{\mu_{N_t}}(N_t - \mu_{N_t}) - \frac{1}{\mu_{N^*}}(N^* - \mu_{N^*})\right]$$

$$\lambda_1 = -0.707\ 1, \lambda_2 = 0.707\ 1$$

$$x^* = (\mu_{N_t} + \sigma_{N_t}\lambda_1\beta, \mu_{N^*} + \sigma_{N^*}\lambda_2\beta) = (10^7 \times (10 - 0.707\ 1\beta), 10^6 \times (10 + 0.707\ 1\beta))$$

$$g(x^*) = 0 \Rightarrow \ln(\mu_{N_t} + \sigma_{N_t}\lambda_1\beta) - \ln(\mu_{N^*} + \sigma_{N^*}\lambda_2\beta) = 0 \Rightarrow \beta = 11.571$$

(2)第二步迭代。

图 5-6　改进一次二阶矩迭代算法的计算流程图

$$\boldsymbol{x}^* = (\mu_{N_t} + \sigma_{N_t} \lambda_1 \beta, \mu_{N^*} + \sigma_{N^*} \lambda_2 \beta) = (1.818 \times 10^7, 1.818 \times 10^7)$$

$$M \approx \left[\frac{1}{x_1^*} (N_t - x_2^*) - \frac{1}{x_2^*} (N^* - x_2^*) \right]$$

$$\lambda_1 = -0.995\,0, \lambda_2 = 0.099\,5$$

$$\boldsymbol{x}^* = (\mu_{N_t} + \sigma_{N_t} \lambda_1 \beta, \mu_{N^*} + \sigma_{N^*} \lambda_2 \beta) = (10^7 \times (10 - 0.995\,0\beta), 10^6 \times (10 + 0.099\,5\beta))$$

$$g(\boldsymbol{x}^*) = 0 \Rightarrow \ln(\mu_{N_t} + \sigma_{N_t} \lambda_1 \beta) - \ln(\mu_{N^*} + \sigma_{N^*} \lambda_2 \beta) = 0 \Rightarrow \beta = 8.956$$

(3)第三步迭代。

$$\boldsymbol{x}^* = (\mu_{N_t} + \sigma_{N_t} \lambda_1 \beta, \mu_{N^*} + \sigma_{N^*} \lambda_2 \beta) = (1.089\,1 \times 10^7, 1.089\,1 \times 10^7)$$

$$M \approx \left[\frac{1}{x_1^*}(N_t - x_2^*) - \frac{1}{x_2^*}(N^* - x_2^*)\right]$$
$$\lambda_1 = -0.995\,0, \lambda_2 = 0.099\,5$$
$$\boldsymbol{x}^* = (\mu_{N_t} + \sigma_{N_t}\lambda_1\beta, \mu_{N^*} + \sigma_{N^*}\lambda_2\beta) = (10^7 \times (10 - 0.995\,0\beta), 10^6 \times (10 + 0.099\,5\beta))$$
$$g(\boldsymbol{x}^*) = 0 \Rightarrow \ln(\mu_{N_t} + \sigma_{N_t}\lambda_1\beta) - \ln(\mu_{N^*} + \sigma_{N^*}\lambda_2\beta) = 0 \Rightarrow \beta = 8.955$$

迭代结束，$\beta = 8.955$。

5.3.4　改进一次二阶矩方法的优、缺点

与均值一次二阶矩法相比，改进一次二阶矩法在设计点处线性展开功能函数，从而使得物理意义相同而数学表达式不同的问题具有了统一的解。由于设计点是对失效概率贡献最大的点，所以在设计点处线性展开比在均值点处线性展开对失效概率的近似具有更高的精度。对于极限状态方程非线性程度不大的情况，改进一次二阶矩法能给出近似精度较高的结果。由于工程上有很多问题满足改进一次二阶矩法的适用范围，从而使得改进一次二阶矩法在工程上被广泛运用，并在此基础上形成了一定的设计标准。

改进一次二阶矩方法的缺点可以归纳如下。

(1)不能反映功能函数的非线性对失效概率的影响，对于如图5-7所示的4种情况，它们的失效域有很大差异，但采用改进一次二阶矩法得到的结果都是一样的。

图5-7　改进一次二阶矩法对不同非线性问题近似的示意图

(2)在功能函数的非线性程度较大的情况下，迭代算法受初始点影响较大；对具有多个设计点的问题，改进一次二阶矩方法可能会陷入局部最优，甚至不收敛。

(3)对极限状态方程的解析表达式有一定的依赖性，从迭代法的步骤可以看出，改进一次二阶矩法是一种基于功能函数梯度的方法，而隐式函数的梯度比较难求，特别是基于有限元模型的隐式情况，梯度的计算量相当大。

5.3.5　针对非正态变量的Rackwitz-Fiessler(R-F)方法

MVFOSM和AFOSM只能处理基本变量为正态变量的情况，但在实际分析计算中，结构的基本变量不一定均服从正态分布。对于基本变量为非正态变量的情况，Rackwitz和Fiessler提出了一种等价正态变量算法，简称为R-F法。R-F法的基本思路是将非正态变量转化为等价的正态变量，然后再采用AFOSM法求解可靠度指标，进而得到失效概率。

1.R-F法的基本原理及计算公式

(1)非正态变量等价正态化变换的等价条件。

假定非正态随机变量x服从某一分布，其分布函数为$F_X(x)$，密度函数为$f_X(x)$。为找到非正态变量x的等价正态变量$x' \sim N(\mu_{x'}, \sigma_{x'}^2)$，必然要确定两个分布参数$\mu_{x'}$和$\sigma_{x'}$，

R-F 法提出了如下所示的在特定点 x^* 处的等价变换条件：

$$F_X(x^*) = \Phi\left(\frac{x^* - \mu_{x'}}{\sigma_{x'}}\right) \tag{5.30}$$

$$f_X(x^*) = \Phi'\left(\frac{x^* - \mu_{x'}}{\sigma_{x'}}\right) = \frac{1}{\sigma_{x'}}\phi\left(\frac{x^* - \mu_{x'}}{\sigma_{x'}}\right) \tag{5.31}$$

式中：Φ 和 ϕ 分别为标准正态分布的分布函数和密度函数；Φ' 表示对标准正态分布函数的导函数。

依据式(5.30)和式(5.31)，可以确定等价正态变量 x' 的两个基本分布参数 $\mu_{x'}$ 和 $\sigma_{x'}$。对式(5.30)取反函数，有

$$\frac{x^* - \mu_{x'}}{\sigma_{x'}} = \Phi^{-1}[F_X(x^*)] \tag{5.32}$$

进而得到 $\mu_{x'}$ 和 $\sigma_{x'}$ 的关系为

$$\mu_{x'} = x^* - \sigma_{x'}\Phi^{-1}[F_X(x^*)] \tag{5.33}$$

将式(5.32)代入式(5.31)可求得参数 $\sigma_{x'}$ 如下：

$$\sigma_{x'} = \frac{\phi\{\Phi^{-1}[F_X(x^*)]\}}{f_X(x^*)} \tag{5.34}$$

再将式(5.34)代入式(5.33)，可得 $\mu_{x'}$。

(2)具有非正态变量功能函数的可靠性分析。

对于功能函数：

$$Z = g(x_1, x_2, \cdots, x_n) \tag{5.35}$$

式中：基本变量 $x_1, x_2, \cdots, x_n$ 之间相互独立，分别服从某一分布，且 x_i 对应的分布函数和密度函数分别为 $F_i(x_i)$ 和 $f_i(x_i)$ $(i=1,2,\cdots,n)$。

依据式(5.33)和式(5.34)，可得到 x_i 的等价正态随机变量 x'_i 的均值 $\mu_{x'_i}$ 和标准差 $\sigma_{x'_i}$ 分别为

$$\mu_{x'_i} = x_i^* - \sigma_{x'_i}\Phi^{-1}[F_i(x_i^*)] \tag{5.36}$$

$$\sigma_{x'_i} = \frac{\phi\{\Phi^{-1}[F_i(x_i^*)]\}}{f_i(x_i^*)} \tag{5.37}$$

图 5-8 为非正态分布等价正态变换图。为保证等价前、后失效概率具有较高的近似精度，对于服从非正态分布的变量 x_i，可将等价变换的特定点 x_i^* 取为设计点的第 i 个坐标值。

图 5-8　非正态分布的等价正态变换图

在得到了等价正态随机变量 x' 后,可按照 AFOSM 法求解可靠度指标。将功能函数在设计点 $\boldsymbol{P}^*(x'_1^*, x'_2^*, \cdots, x'_n^*)$ 处展开,取线性部分,有

$$\sum_{i=1}^{n} \frac{\partial g}{\partial x'_i}\bigg|_{\boldsymbol{P}^*} (x'_i - x'_i^*) = 0 \tag{5.38}$$

将等价正态基本变量标准化,即令

$$y_i = \frac{x'_i - \mu_{x'_i}}{\sigma_{x'_i}} \ (i=1,2,\cdots,n) \tag{5.39}$$

则在标准正态空间中的极限状态方程为

$$Z = \sum_{i=1}^{n} \frac{\partial g}{\partial x'_i}\bigg|_{\boldsymbol{P}^*} (y_i \sigma_{x'_i} + \mu_{x'_i}) - \sum_{i=1}^{n} \frac{\partial g}{\partial x'_i}\bigg|_{\boldsymbol{P}^*} x'_i^* = 0 \tag{5.40}$$

式(5.40)两边乘 $-\left[\sum_{j=1}^{n}\frac{\partial g}{\partial x'_j}\bigg|_{\boldsymbol{P}^*}^2 \sigma_{x'_j}^2\right]^{-1/2}$,可得到标准正态空间中标准型法线方程为

$$-\sum_{i=1}^{n} \frac{\frac{\partial g}{\partial x'_i}\big|_{\boldsymbol{P}^*} \sigma_{x'_i}}{\left[\sum_{j=1}^{n}\frac{\partial g}{\partial x'_j}\big|_{\boldsymbol{P}^*}^2 \sigma_{x'_j}^2\right]^{1/2}} y_i = \frac{\sum_{i=1}^{n}\frac{\partial g}{\partial x'_i}\big|_{\boldsymbol{P}^*}\mu_{x'_i} - \sum_{i=1}^{n}\frac{\partial g}{\partial x'_i}\big|_{\boldsymbol{P}^*} x'_i^*}{\left[\sum_{j=1}^{n}\frac{\partial g}{\partial x'_j}\big|_{\boldsymbol{P}^*}^2 \sigma_{x'_j}^2\right]^{1/2}} \tag{5.41}$$

式中:将 y_i 的系数设为

$$\lambda_i = -\frac{\frac{\partial g}{\partial x'_i}\big|_{\boldsymbol{P}^*}\sigma_{x'_i}}{\left[\sum_{j=1}^{n}\frac{\partial g}{\partial x'_j}\big|_{\boldsymbol{P}^*}^2 \sigma_{x'_j}^2\right]^{1/2}} = \cos\theta_i (i=1,2,\cdots,n) \tag{5.42}$$

而右端常数项(即可靠度指标 β)为

$$\beta = \frac{\sum_{i=1}^{n}\frac{\partial g}{\partial x'_i}\big|_{\boldsymbol{P}^*}\mu_{x'_i} - \sum_{i=1}^{n}\frac{\partial g}{\partial x'_i}\big|_{\boldsymbol{P}^*}x'_i^*}{\left[\sum_{j=1}^{n}\frac{\partial g}{\partial x'_j}\big|_{\boldsymbol{P}^*}^2 \sigma_{x'_j}^2\right]^{1/2}} = \frac{\sum_{i=1}^{n}\frac{\partial g}{\partial x'_i}\big|_{\boldsymbol{P}^*}(\mu_{x'_i}-x'_i^*)}{\left[\sum_{j=1}^{n}\frac{\partial g}{\partial x'_j}\big|_{\boldsymbol{P}^*}^2 \sigma_{x'_j}^2\right]^{1/2}} \tag{5.43}$$

此时,标准正态空间中设计点的坐标 y_i^* 为

$$y_i^* = \lambda_i \beta \tag{5.44}$$

将设计点坐标变换到原坐标系下,可得原坐标系中设计点的坐标 x_i^* 为

$$x'_i^* = \mu_{x'_i} + \sigma_{x'_i} y_i^* = \mu_{x'_i} + \sigma_{x'_i}\lambda_i\beta \tag{5.45}$$

$$x_i^* = x'_i^* \tag{5.46}$$

并且原坐标系中设计点落在极限状态方程上,即有下式成立:

$$g(x_1^*, x_2^*, \cdots, x_n^*) = 0 \tag{5.47}$$

2. R-F 法的具体计算步骤

R-F 法对含有非正态变量的功能函数进行可靠性分析时必须先有设计点,由于设计点未知,所以需要通过迭代的方法求得最终的可靠性分析结果,其流程图如图 5-9 所示,其基本步骤如下。

(1)假定 x_i^* 初始值,一般取均值 μ_{x_i}。

（2）利用所给的初始值，根据式(5.36)和式(5.37)计算 $\mu_{x'_i}$ 和 $\sigma_{x'_i}$。

（3）利用所给的初始值，根据式(5.42)计算 λ_i。

（4）将 $x_i^* = x'^*_i = \mu_{x'_i} + \sigma_{x'_i}\lambda_i\beta$ 代入式(5.47)，得出关于 β 的方程。

（5）解所得方程，求出 β 值。

（6）将所得 β 值代入式(5.44)和式(5.45)，得出新的 x_i^* 值。

（7）重复以上步骤，直到满足精度要求。

图 5-9　R-F 法计算可靠性指标及失效概率的迭代流程图

5.4　可靠性分析的 Monte Carlo 法

Monte Carlo 可靠性分析方法又称为随机抽样法、概率模拟法或统计试验法,通过随机模拟来进行结构可靠性分析的。由于它是以概率论和数理统计理论为基础的,故被物理学家以赌城 Monte Carlo 来命名。

5.4.1　Monte Carlo 模拟的理论基础

根据概率论中的大数定律,若有来自同一母体且有相同分布的 N 个相互独立的随机样本 $x_1,x_2,\cdots,x_N$,它们具有相同的均值 μ 和方差 σ^2,则对于任意的 $\varepsilon>0$,有

$$\lim_{N\to\infty}P\left(\left|\frac{1}{N}\sum_{i=1}^{N}x_i-\mu\right|<\varepsilon\right)=1 \tag{5.48}$$

式(5.48)表明样本均值 $\dfrac{1}{N}\displaystyle\sum_{i=1}^{N}x_i$ 依概率收敛于母体均值 μ。

另外,设随机事件 A 发生的概率为 $P(A)$,在 N 次独立试验中,事件 A 发生的频数为 N_A,则随机事件 A 发生的频率 $f_N(A)=N_A/N$,对于任意 $\varepsilon>0$,有

$$\lim_{N\to\infty}P(|N_A/N-P(A)|<\varepsilon)=1 \tag{5.49}$$

式(5.49)表明事件发生的频率依概率收敛于事件发生的概率。

Monte Carlo 数字模拟法用于可靠性分析的理论依据就是上述两条大数定律:样本均值依概率收敛于母体均值,以及事件发生的频率依概率收敛于事件发生的概率。当采用 Monte Carlo 法进行可靠性分析时,首先要将求解的问题转化成某个概率模型的期望值,然后对概率模型进行随机抽样,在计算机上进行模拟试验,抽取足够的随机数并对待求解的问题进行统计求解。

5.4.2　Monte Carlo 可靠性分析的原理和计算公式

设结构的功能函数为

$$Z=g(\boldsymbol{x})=g(x_1,x_2,\cdots,x_n) \tag{5.50}$$

则极限状态方程 $g(x_1,x_2,\cdots,x_n)=0$ 将结构的基本变量空间分为失效区域和可靠区域两部分,失效概率 P_f 可表示为

$$P_f=\int\cdots\int_{g(\boldsymbol{x})\leqslant0}f_{\boldsymbol{X}}(x_1,x_2,\cdots,x_n)\,\mathrm{d}x_1\mathrm{d}x_2\cdots\mathrm{d}x_n \tag{5.51}$$

式中:$f_{\boldsymbol{X}}(x_1,x_2,\cdots,x_n)$ 是基本随机变量 $\boldsymbol{x}=(x_1,x_2,\cdots,x_n)$ 的联合概率密度函数。

当各基本变量相互独立时,则有

$$P_f=\int\cdots\int_{g(\boldsymbol{x})\leqslant0}f_{X_1}(x_1)f_{X_2}(x_2)\cdots f_{X_n}(x_n)\,\mathrm{d}x_1\mathrm{d}x_2\cdots\mathrm{d}x_n \tag{5.52}$$

式中:$f_{X_i}(x_i)(i=1,2,\cdots,n)$ 为随机变量 x_i 的概率密度函数。

通常,式(5.51)和式(5.52)只在极其特殊的情况(如线性极限状态方程和正态基本变量情况)下才能够得出解析的积分结果。对于一般的多维问题及复杂积分域或隐式积分域问

Monte Carlo 法

题,失效概率的积分式是没有解析解的,此时可采用 Monte Carlo 数字模拟方法来解决这个问题,只要基本变量样本量足够大,就能保证 Monte Carlo 可靠性分析有足够的精度。

失效概率的精确表达式为基本变量的联合概率密度函数在失效域中的积分,它可以改写为下式所示的失效域指示函数 $I_F(\boldsymbol{x})$ 的数学期望形式。

$$P_f = \int \cdots \int_{g(\boldsymbol{x}) \leqslant 0} f_{\boldsymbol{X}}(x_1, x_2, \cdots, x_n)\, \mathrm{d}x_1 \mathrm{d}x_2 \cdots \mathrm{d}x_n$$

$$= \int \cdots \int_{R^n} I_F(\boldsymbol{x}) f_{\boldsymbol{X}}(x_1, x_2, \cdots, x_n)\, \mathrm{d}x_1 \mathrm{d}x_2 \cdots \mathrm{d}x_n = E(I_F(\boldsymbol{x})) \quad (5.53)$$

式中:$I_F(\boldsymbol{x}) = \begin{cases} 1, \boldsymbol{x} \in \boldsymbol{D}_F \\ 0, \boldsymbol{x} \notin \boldsymbol{D}_F \end{cases}$ 为失效域的指示函数;R^n 为 n 维变量空间;$E(\cdot)$ 为数学期望算子。

式(5.53)表明,失效概率为失效域指示函数 $I_F(\boldsymbol{x})$ 的数学期望,依据大数定律,失效域指示函数的数学期望可以由失效域指示函数的样本均值来近似。

Monte Carlo 法求解失效概率 P_f 的思路是由基本随机变量的联合概率密度函数 $f_{\boldsymbol{X}}(\boldsymbol{x})$ 产生 N 个基本变量的随机样本 $\boldsymbol{x}_j (j=1,2,\cdots,N)$,将这 N 个随机样本代入功能函数 $g(\boldsymbol{x})$,统计落入失效域 $\boldsymbol{D}_F = \{\boldsymbol{x}: g(\boldsymbol{x}) \leqslant 0\}$ 的样本点数 N_f,用失效发生的频率 N_f/N 近似代替失效概率 P_f,就可以近似得出失效概率估计值 $\hat{P}_f$。

$$\hat{P}_f = \frac{1}{N} \sum_{j=1}^{N} I_F(\boldsymbol{x}_j) = \frac{N_f}{N} \quad (5.54)$$

Monte Carlo 法的优点:对功能函数的形式、随机变量的分布类型、随机变量的维数等都没有限制,十分易于编程;Monte Carlo 模拟得到的失效概率估计是无偏估计,当抽样点数趋于无穷大时,估计值可看作精确解。Monte Carlo 法的缺点:针对工程上常见的小失效概率事件,需要很大的抽样点数才能得到收敛解,一般抽样点数 $N = \dfrac{10^2 \sim 10^4}{P_f}$。

5.5　结构可靠性设计

5.5.1　可靠性设计的基本概念

可靠性问题是一种综合性系统工程问题。产品的可靠性与其设计、制造、运输、存储、使用、维修等各个环节紧密相连。设计虽然只是其中的一个环节,但却是保证产品可靠性最重要的环节,它为产品的可靠性水平奠定了先天性的基础。因为机械产品的可靠性取决于零部件的结构形式和尺寸、选用的材料、加工工艺、检验标准、润滑条件、维修方便性及各种保护措施等,而这些都是在设计中决定的。设计决定了产品的可靠性水平,即产品的固有可靠度。

可靠性设计概述

可靠性设计是在遵循系统工程规范的基础上,将可靠性"设计"到系统中去,以满足系统的可靠性要求。产品的可靠性是"设计出来的,生产出来的,管理出来的"。

1. 可靠性设计的目的

在综合考虑产品的性能、可靠性、费用和时间等因素的基础上,通过采用相应的可靠性设计技术,使产品在寿命周期内符合所规定的可靠性要求。

2. 可靠性设计的主要任务

通过设计基本实现产品的固有可靠性(intrinsic reliability);实现可靠性设计的目的,预测和预防产品所有可能的故障。这里"基本实现"是因为在后续的生产制造过程中还会影响产品的固有可靠性。"固有可靠性"是指产品所能达到的可靠性上限,也就是说可靠性设计的两种情况:①按照给定的目标进行新产品的设计,通常用于新产品的研制开发;②对现有定型产品的薄弱环节,应用可靠性设计方法加以改进,达到可靠性增长的目的。

3. 可靠性设计的主要内容

(1)建立可靠性模型,进行可靠性指标的预计与分配。

(2)可靠性分析(包括定性分析和定量计算,如故障模式、影响及危害性分析、故障树分析、容差分析、热分析等)。

(3)可靠性设计方法(指定和贯彻可靠性设计指标,将降额设计、冗余设计、简化设计、热设计、耐环境设计、概率设计等结合起来,减少产品故障的发生,最终实现可靠性的要求)。

这里主要考虑安全系数法在可靠性设计中的发展。

4. 可靠性设计的基本特点(与传统机械设计的区别)

(1)将应力和强度等设计参数作为随机变量。认识到零部件所受的载荷、材料的强度、结构尺寸和运行工况等均为随机变量,具有离散变异性和统计规律。

(2)应用概率论与数理统计的方法进行更为有效的分析和参数设定。

(3)能够对产品的质量(即可靠性)进行定量的评价及说明,保证产品的失效概率不超过给定的限值,定量计算产品的可靠性特征值。

(4)具有丰富的评价指标体系。传统的机械设计用安全系数评定,而可靠性设计的评价指标有失效概率、可靠度、平均无故障工作时间 MTBF、维修度、有效度等。

(5)强调设计对产品质量的主导作用,固有可靠度是产品可靠性的根本,而固有可靠度是由设计决定的,设计是制造的依据,设计是赋予产品较好性能和较高可靠性的根本途径。

(6)考虑环境因素对产品的影响,如温度、湿度、冲击振动、腐蚀老化、沙尘、磨损等,因此对环境质量的监控也是改善产品可靠性和质量的有效途径。

(7)考虑维修性对产品使用效能的重要作用。为了使系统和设备达到规定的有效度,可靠性和维修性如何在产品设计中进行分配,要依据产品性能、使用要求等因素综合考虑,高可靠性和高维修性自然是高端产品的特点。

(8)在设计中实现可靠性增长。可靠性增长是指随着产品设计、研制、生产各阶段工作的逐步进行,产品的可靠性特征量逐步提高的过程。

(9)将系统工程的观念贯穿设计始终。从整体、系统、人机工程的观点出发,考虑设计问题。

5. 可靠性设计的基本原则

(1)可靠性设计中应有明确的可靠性指标和可靠性评估方案。

(2)可靠性设计贯穿功能设计的各个环节,要全面考虑影响可靠性的各种因素。

(3)针对故障模式进行设计,最大限度消除或控制寿命周期内可能出现的故障模式。

(4)在设计时,继承以往成功经验的基础上,采用先进的设计原理和可靠性设计技术。但在采用新技术、新元件、新工艺、新材料之前,必须经过试验,并严格论证其对可靠性的影响。

(5)在进行产品可靠性设计时,应对产品的性能、可靠性、费用、时间等各方面因素进行权衡,以便作出最佳设计方案。

6.可靠性设计的基本步骤(见图 5-10)

(1)提出设计任务,确定详细指标。设计任务书的形式,明确详细的技术指标、性能指标和可靠性指标。

(2)确定相关的设计变量和参数。参数和变量应当是对设计结果有影响,能够量化并且相互独立的。

(3)故障模式及其临界状态分析,确定故障模式的判据。故障模式如断裂、疲劳、失稳、腐蚀、磨损、蠕变、电蚀、热松弛、热冲击、噪声等,失效判据如最大应力、最大变形、最大腐蚀量、最大磨损量、最大许用振幅等。

(4)确定导致故障的应力函数及应力分布。对各种故障模式,得到应力与载荷、尺寸、物理性质、工作环境、时间等的函数关系,并确定应力分布。

(5)确定控制故障的强度函数及强度分布。结构的强度分布可由材料的强度分布用一定的修正参数修正或通过可靠性试验直接获得。

(6)确定每种故障模式下与应力分布和强度分布相关的可靠度。可靠性分析包括零部件的可靠度、可靠度的置信区间、关键部件的可靠度计算以及系统/子系统的可靠度。

(7)以经济、技术、可靠性为主要综合目标,进行设计内容的优化。

图 5-10　可靠性设计的程序和手段

总体来说,可靠性设计是为了在设计过程中,挖掘、确定隐患及薄弱环节,并采取设计预防和设计改进措施,有效地消除隐患及薄弱环节。定性分析和定量计算主要是评价产品的可靠性水平和薄弱环节,而要提高产品的固有可靠性,只能通过各种可靠性设计方法来实现。

5.5.2 安全系数与可靠性

在传统的设计中,零件是否安全是通过比较计算安全系数 n 与许用安全系数 $[n]$ 来判断的,当 $n \geqslant [n]$ 时,零件安全。其中 $n = R/S$,R 为零件的极限强度,S 为零件危险截面上的应力。由于零件的强度、应力和尺寸等的分散性,传统设计中有时盲目地选用优质材料或加大零件尺寸,会形成不必要的浪费。

在可靠性计算中,把所涉及的设计参数处理成随机变量,将安全系数的概念与可靠性的概念联系起来,建立相应的概率模型,以定量地回答零件在使用过程中的安全程度和可靠度。

1. 安全系数与可靠度的关系

因为应力 S 和强度 R 为随机变量,自然,定义为强度和应力之比的安全系数 n 也是随机变量。当已知应力 S 和强度 R 的密度函数(PDF)分别为 $f_S(S)$ 和 $f_R(R)$,由二维随机变量函数分布的求法,可得出安全系数 n 的 PDF $f(n)$。因此可以计算出零件的可靠度:

$$R_e = P(n > 1) = \int_1^{+\infty} f(n) \mathrm{d}n \tag{5.55}$$

式(5.55)表明,当安全系数呈某一分布状态时,可靠度 R_e 是安全系数 n 的密度函数在区间 $[1, +\infty)$ 内的积分。

2. 均值安全系数

均值安全系数 $\bar{n}$ 定义为零件强度的均值 μ_R 和零件危险截面上应力均值 μ_S 的比值,即

$$\bar{n} = \mu_R / \mu_S \tag{5.56}$$

为把均值安全系数与零件的可靠度联系起来,将

$$\beta = \frac{\mu_R - \mu_S}{\sqrt{\sigma_R^2 + \sigma_S^2}}$$

与 $\bar{n} = \mu_R / \mu_S$ 联立求解,消去 μ_S,可得均值安全系数为

$$\bar{n} = \frac{\mu_R}{\mu_R - \beta \sqrt{\sigma_R^2 + \sigma_S^2}} \tag{5.57}$$

上述关系只有在应力和强度服从正态分布情况下才精确成立。

记变异系数 $v_R = \dfrac{\sigma_R}{\mu_R}$ 和 $v_S = \dfrac{\sigma_S}{\mu_S}$,由 $\beta = \dfrac{\mu_R - \mu_S}{\sqrt{\sigma_R^2 + \sigma_S^2}}$ 可得

$$\beta^2 (\sigma_R^2 + \sigma_S^2) = (\mu_R - \mu_S)^2$$

并将 v_R,v_S 和 $\bar{n}$ 代入式(5.57)得

$$\beta^2 (\bar{n}^2 \mu_S^2 v_R^2 + \mu_S^2 v_S^2) = (\bar{n} \mu_S - \mu_S)^2 \Rightarrow (1 - \beta^2 v_R^2) \bar{n}^2 - 2\bar{n} + (1 - \beta^2 v_S^2) = 0$$

解上述关于 $\bar{n}$ 的一元二次方程,并考虑 $\bar{n} \geqslant 1$,得

$$\bar{n} = \frac{1 + \beta \sqrt{v_R^2 + v_S^2 - \beta^2 v_R^2 v_S^2}}{1 - \beta^2 v_R^2} \tag{5.58}$$

式(5.58)给出了均值安全系数 $\bar{n}$、R 的变异系数 v_R、S 的变异系数 v_S 及可靠度指标 β 的关系式,便于工程应用。

3.概率安全系数

概率安全系数 n_p 定义为某一概率值 a（$0 < a < 1$）下零件的最小强度 R_a（$\min P\{R > R_a\} = a$）与在另一概率值 b（$0 < b < 1$）下出现的最大应力 S_b（$\max P\{S < S_b\} = b$）之比,即

$$n_p = R_a(\min) / S_b(\max) \tag{5.59}$$

假设强度 R 和应力 S 均服从正态分布,μ_R,μ_S 分别表示它们的均值,σ_R,σ_S 表示它们的标准差,由正态分布特性得

$$\Phi\left(-\frac{R_a - \mu_R}{\sigma_R}\right) = a \quad , \Phi\left(\frac{S_b - \mu_S}{\sigma_S}\right) = b$$

则

$$n_p = \frac{R_a(\min)}{S_b(\max)} = \frac{\mu_R - \sigma_R \Phi^{-1}(a)}{\mu_S + \sigma_S \Phi^{-1}(b)} = \frac{\mu_R[1 - v_R \Phi^{-1}(a)]}{\mu_S[1 + v_S \Phi^{-1}(b)]} = \frac{1 - v_R \Phi^{-1}(a)}{1 + v_S \Phi^{-1}(b)} \bar{n}$$

$$= \frac{1 - v_R \Phi^{-1}(a)}{1 + v_S \Phi^{-1}(b)} \frac{1 + \beta \sqrt{v_R^2 + v_S^2 - \beta^2 v_R^2 v_S^2}}{1 - \beta^2 v_R^2} \tag{5.60}$$

不同的取值概率 a 和 b,相应的 $R_a(\min)$ 和 $S_b(\max)$ 不同,n_p 也就不同,如图 5-11 所示。这应当根据设计要求、零件的使用状况、材质的优劣和经济性等决定。通常工程设计中取累积概率 95%（即 $a = 0.95$）为强度的下限值,而取累积概率 99%（即 $b = 0.99$）为应力的上限值,则

$$n_p = \frac{1 - 1.65 v_R}{1 + 2.33 v_S} \frac{1 + \beta \sqrt{v_R^2 + v_S^2 - \beta^2 v_R^2 v_S^2}}{1 - \beta^2 v_R^2} \tag{5.61}$$

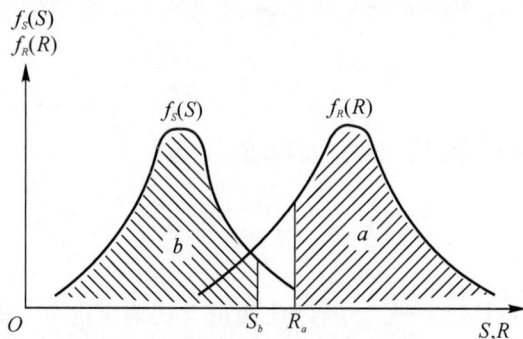

图 5-11　概率值 a、b 下的最小强度 R_a 和最大应力 S_b

4.随机安全系数

零件的应力 S 和强度 R 都是随机变量,因此安全系数 $n = R/S$ 也是随机变量,称 n 为

随机安全系数,它与可靠度 R_e 的关系为

$$R_e = P(n > 1) = \int_1^{+\infty} f(n) \mathrm{d}n$$

下面分析 R_e 和 n 的关系,设 k、ε 是任意大于零的常数,$\bar{n}$ 为随机变量 n 的均值,$\pmb{n}^*$ 为 $|n - k\bar{n}| > \varepsilon$ 范围内的 n 值,则

$$E[(n-k\bar{n})^2] = \int_{-\infty}^{+\infty} (n-k\bar{n})^2 f(n) \mathrm{d}n \geqslant \int_{n^*} (n-k\bar{n})^2 f(n) \mathrm{d}n > \varepsilon^2 \int_{n^*} f(n) \mathrm{d}n$$

$$= \varepsilon^2 P(|n - k\bar{n}| > \varepsilon)$$

所以

$$P(|n - k\bar{n}| \leqslant \varepsilon) > 1 - \frac{1}{\varepsilon^2} E[(n-k\bar{n})^2]$$

故

$$P((k\bar{n}-\varepsilon) \leqslant n \leqslant (k\bar{n}+\varepsilon)) > 1 - \frac{1}{\varepsilon^2} E[(n-k\bar{n})^2]$$

由数学期望性质可推得

$$E[(n-k\bar{n})^2] = E[n^2 - 2kn\bar{n} + k^2\bar{n}^2] = E[n^2] - 2k\bar{n}^2 + k^2\bar{n}^2$$

$$= \sigma_n^2 + \bar{n}^2 - 2k\bar{n}^2 + k^2\bar{n}^2 = \bar{n}^2[v_n^2 + (1-k)^2]$$

令 $k\bar{n} - \varepsilon = 1$,则 $\varepsilon = k\bar{n} - 1$,由上述推导可求得 $n > 1$ 的概率表达式为

$$P((k\bar{n}-\varepsilon) \leqslant n \leqslant (k\bar{n}+\varepsilon)) = P(1 \leqslant n \leqslant (2k\bar{n}-1)) > 1 - \frac{\bar{n}^2[v_n^2 + (1-k)^2]}{(k\bar{n}-1)^2}$$

因此可靠度为

$$R_e = P(n > 1) > P(1 \leqslant n \leqslant (2k\bar{n}-1)) > 1 - \frac{\bar{n}^2[v_n^2 + (1-k)^2]}{(k\bar{n}-1)^2} \tag{5.62}$$

由式(5.62)可知,求可靠度下限,可先给定 k 值并求得随机安全系数 n 的变异系数 v_n,下面讨论它们的关系。

上述不等式右端的第二项应有一定的限制,才能得到合理的结果,为此设

$$w = \frac{\bar{n}^2[v_n^2 + (1-k)^2]}{(k\bar{n}-1)^2}$$

由 $\frac{\partial w}{\partial k} = 0$,可得出使 w 取得极限的 k 的取值 k_0 为

$$k_0 = \frac{\bar{n}^2(v_n^2+1)-1}{(\bar{n}-1)}$$

对于 k 的这个值,可以证明 $\frac{\partial^2 w}{\partial k^2} > 0$,因此在由上式确定的 k 的取值下,w 有极小值存在。将 k_0 代入可靠度 R_e 的下限计算公式,可得 R_e 下限的极大值如下:

$$R_e > \frac{(\bar{n}-1)^2}{\bar{n}^2 v_n^2 + (\bar{n}-1)^2} \tag{5.63}$$

式中:v_n 可由随机变量的代数运算近似求得

$$\sigma_n = \frac{1}{\mu_S^2}\sqrt{\mu_S^2\sigma_R^2 + \mu_R^2\sigma_S^2} = \frac{1}{\mu_S^2}\sqrt{\mu_S^2\mu_R^2(v_S^2 + v_R^2)} = \frac{\mu_R}{\mu_S}\sqrt{v_S^2 + v_R^2} = \bar{n}\sqrt{v_S^2 + v_R^2}$$

则变异系数为 $v_n = \sqrt{v_S^2 + v_R^2}$。

5.5.3　结构的可靠性设计实例

【例 5 - 2】　受拉杆的可靠性设计。

受拉杆是一种最简单的结构零件,如图 5 - 12 所示,设受拉杆有圆形截面积,由于制造偏差,直径 d 为一随机变量;作用在杆上的拉力 P 也为随机变量,且服从正态分布;杆的材料为铝合金棒材,其抗拉强度 R 也是服从正态分布的随机变量。拉力参数:$\mu_P = 28\,000$ N,$\sigma_P = 4\,200$ N,铝棒材抗拉的强度参数:$\mu_R = 483$ N/mm²,$\sigma_R = 13$ N/mm²。要求杆的可靠度 $R_e = 0.999\,9$,且已知杆的破坏是受拉断裂引起的。设计满足规定可靠度下的杆的直径。

拉杆可靠性
设计案例

图 5 - 12　受拉杆

解:根据材料力学可知,杆的截面上的应力为

$$S = \frac{P}{A} = \frac{4P}{\pi d^2}$$

将其在均值点处展开成泰勒级数,仅取线性项作为近似,则

$$S \approx \frac{4\mu_P}{\pi\mu_d^2} + \frac{4}{\pi\mu_d^2}(P - \mu_P) - \frac{8\mu_P}{\pi\mu_d^3}(d - \mu_d)$$

可知应力的均值和标准差为

$$\mu_S = 4\mu_P / \pi\mu_d^2$$

$$\sigma_S^2 = \left(\frac{4}{\pi\mu_d^2}\right)^2\sigma_P^2 + \left(\frac{8\mu_P}{\pi\mu_d^3}\right)^2\sigma_d^2 = \frac{16}{\pi^2\mu_d^4}(\sigma_P^2 + 4v_d^2\mu_P^2) = \frac{16}{\pi^2\mu_d^4}(\sigma_P^2 + 10^{-4}\times\mu_P^2)$$

式中:v_d 为直径的变异系数,取 $v_d = 0.005$。

(1)均值点法。

将应力和强度的均值和方差代入可靠性指标的求解公式中,由设计杆要求可靠度 $R_e = 0.999\,9$,由标准正态分布表查得 β 值为 3.72,代入

$$\beta = 3.72 = \frac{\mu_R - \mu_S}{\sqrt{\sigma_R^2 + \sigma_S^2}} = \frac{483 - \dfrac{4\times 28\,000}{3.14\times\mu_d^2}}{\sqrt{13^2 + \dfrac{16}{3.14^2\times\mu_d^4}(4\,200^2 + 10^{-4}\times 28\,000^2)}}$$

整理并化简后得到方程

$$\mu_d^4 - 149.118\mu_d^2 + 3\,774.587 = 0$$

解得 $\mu_d^2 = 32.316\,2$(代入可靠性指标公式验证舍去 $\mu_S > \mu_R$)

$$\mu_d^2 = 116.801\,6, \text{即 } \mu_d = 10.807 \text{ (mm)}$$

$$\sigma_d = v_d \mu_d = 0.005 \times 10.807 = 0.054 \text{ (mm)}$$

根据 3σ 准则,直径 d 为

$$d = \mu_d \pm 3\sigma_d = (10.807 \pm 0.162) \text{ mm}$$

(2)均值安全系数法。

假设应力和强度均服从正态分布,已知应力和强度的变异系数为

$$v_R = \sigma_R / \mu_R = 0.027$$

$$v_S = \frac{\sigma_S}{\mu_S} = \frac{\sqrt{16(\sigma_P^2 + 4v_d^2\mu_P^2)/\pi^2\mu_d^4}}{4\mu_P/\pi\mu_d^2} = \frac{\sqrt{\sigma_P^2 + 4v_d^2\mu_P^2}}{\mu_P} = 0.15$$

代入公式

$$\bar{n} = \frac{1 + \beta\sqrt{v_R^2 + v_S^2 - v_R^2 v_S^2 \beta^2}}{1 - \beta^2 v_R^2}$$

$$= \frac{1 + 3.72\sqrt{0.027^2 + 0.15^2 - 0.027^2 \times 0.15^2 \times 3.72^2}}{1 - 3.72^2 \times 0.027^2} = 1.5825$$

根据均值安全系数设计表达式

$$1.5825 \times \frac{4\mu_P}{\pi\mu_d^2} \leqslant \mu_R \Rightarrow \mu_d \geqslant \sqrt{\frac{1.5825 \times 4\mu_P}{\pi\mu_R}} = 10.807 \text{ mm}$$

$$d = \mu_d \pm 3v_d\mu_d = (10.807 \pm 0.162) \text{ mm}$$

(3)改进均值法。

在用均值点法设计的基础上,可用改进均值法加以改进。

功能函数为

$$Z = R - \frac{4P}{\pi d^2}$$

在均值点按照泰勒级数展开得

$$Z = \mu_R - \frac{4\mu_P}{\pi\mu_d^2} + \frac{\partial Z}{\partial R}(R - \mu_R) + \frac{\partial Z}{\partial P}(P - \mu_P) + \frac{\partial Z}{\partial d}(d - \mu_d)$$

$$= \mu_R - \frac{4\mu_P}{\pi\mu_d^2} + (R - \mu_R) - \frac{4}{\pi\mu_d^2}(P - \mu_P) + \frac{8\mu_P}{\pi\mu_d^3}(d - \mu_d)$$

记 $u_R = \frac{R - \mu_R}{\sigma_R}, u_P = \frac{P - \mu_P}{\sigma_P}, u_d = \frac{d - \mu_d}{\sigma_d}$,代入功能函数的展开式,得

$$Z = 483 - \frac{4 \times 28000}{3.14 \times 10.807^2} + 13u_R - \frac{4 \times 4200 u_P}{3.14 \times 10.807^2} + \frac{8 \times 28000 \times 0.054 u_d}{3.14 \times 10.807^3}$$

$$= 177.75 + 13u_R - 45.788u_P + 3.0505u_d$$

$$\sigma_Z = \sqrt{13^2 + 45.788^2 + 3.0505^2} = 47.695$$

方向余弦为

$$\lambda_R = -\frac{13}{47.695} = -0.2726, \lambda_P = -\frac{-45.788}{47.695} = 0.96, \lambda_d = -\frac{3.0505}{47.695} = -0.06396$$

由此得出新的设计点为

$$R^* = \mu_R + \lambda_R\beta\sigma_R = 483 - 0.2726 \times 3.72 \times 13 = 469.82 \text{ (N/mm}^2\text{)}$$

$$P^* = \mu_P + \lambda_P \beta \sigma_P = 28\,000 + 0.96 \times 3.72 \times 4\,200 = 43\,000(\text{N})$$

$$d^* = \mu_d + \lambda_d \beta \sigma_d = 10.807 - 0.063\,96 \times 3.72 \times 0.054 = 10.794\,(\text{mm})$$

故直径为 $d = (10.794 \pm 0.162)\text{mm}$。

（4）传统安全系数法。

假定取安全系数 $n=1.5$，根据设计表达式，应有 $R \geqslant 1.5S$，即

$$1.5 \times \frac{4P}{\pi d^2} \leqslant R$$

得

$$d \geqslant \sqrt{\frac{6P}{\pi R}} = \sqrt{\frac{6 \times 28\,000}{\pi \times 483}} = 10.522(\text{mm})$$

这个设计尺寸不能给出安全程度的具体度量，而且安全系数值的选取在某种程度上依赖于设计者的主观因素。

【例 5-3】　受扭杆的可靠性设计。

如图 5-13 所示的实心圆形截面直杆，某一端固定，另一端在横截面内受扭矩 T 作用，τ 为杆外表面的最大剪应力，r 为杆的半径，视 T,τ,r 为随机变量，受扭杆的设计数据为

作用扭矩：$\mu_T = 11.3 \times 10^6\,\text{N} \cdot \text{mm}$，$\sigma_T = 1.13 \times 10^6\,\text{N} \cdot \text{mm}$。

抗剪强度：$\mu_R = 344.8\,\text{N/mm}^2$，$\sigma_R = 34.48\,\text{N/mm}^2$。

半径公差为 $0.03\mu_r$（μ_r 为半径 r 的均值），要求所设计受扭杆的可靠度指标为 4.2。试确定该受扭杆的半径。

图 5-13　受扭杆

解：根据材料力学可知，实心圆形直杆扭转时的最大剪应力 $\tau = \dfrac{Tr}{J} = \dfrac{2T}{\pi r^3}$，可知剪应力的均值和标准差为

$$\mu_\tau = \frac{2\mu_T}{\pi \mu_r^3} = \frac{2 \times 11.3 \times 10^6}{\pi \mu_r^3} = \frac{7.193\,8 \times 10^6}{\mu_r^3}$$

$$\sigma_\tau^2 = \left(\frac{\partial \tau}{\partial T}\right)^2 \sigma_T^2 + \left(\frac{\partial \tau}{\partial r}\right)^2 \sigma_r^2 = \left(\frac{2}{\pi \mu_r^3}\right)^2 \sigma_T^2 + \left(-\frac{6\mu_T}{\pi \mu_r^4}\right)^2 \sigma_r^2 = \frac{4}{\pi^2 \mu_r^6} \times 1.391\,8 \times 10^{12}$$

可得

$$\sigma_\tau = \frac{2}{\pi \mu_r^3} \times 1.179\,7 \times 10^6$$

变异系数为

$$v_\tau = \frac{\sigma_\tau}{\mu_\tau} = \frac{2 \times 1.179\,7 \times 10^6/(\pi \mu_r^3)}{2 \times 11.3 \times 10^6/(\pi \mu_r^3)} = 0.104\,4$$

根据 3σ 准则，得出半径 r 的标准差为

$$\sigma_r = 0.01\mu_r,\text{即 } v_r = 0.01$$

（1）均值安全系数法。

强度的变异系数为

$$v_R = \frac{\sigma_R}{\mu_R} = \frac{34.48}{344.8} = 0.1$$

从而可以计算均值安全系数：

$$\bar{n} = \frac{1 + \beta\sqrt{v_R^2 + v_S^2 - v_R^2 v_S^2 \beta^2}}{1 - \beta^2 v_R^2}$$

$$= \frac{1 + 4.2\sqrt{0.1^2 + 0.104\ 4^2 - 0.1^2 \times 0.104\ 4^2 \times 4.2^2}}{1 - 4.2^2 \times 0.1^2} = 1.916\ 7$$

根据均值安全系数设计表达式

$$\mu_R \geqslant \bar{n}\mu_\tau \rightarrow 344.8 \geqslant 1.916\ 7 \times 7.193\ 8 \times 10^6 / \mu_r^3$$

可知

$$\mu_r^3 \geqslant \frac{1.916\ 7 \times 7.193\ 8 \times 10^6}{344.8} = 0.039\ 989 \times 10^6\ (\text{m}^3)$$

即 $\mu_r \geqslant 34.20$ mm，受扭杆的设计半径为 $r \geqslant (34.20 \pm 1.03)$ mm。

（2）改进均值法。

在用均值点法设计的基础上，用改进均值法加以改进。

将功能函数

$$Z = R - \tau = R - \frac{2T}{\pi r^3}$$

在均值点按照泰勒级数展开，并代入标准化变量：

$$u_R = \frac{R - \mu_R}{\sigma_R},\ u_T = \frac{T - \mu_T}{\sigma_T},\ u_r = \frac{r - \mu_r}{\sigma_r}$$

得

$$Z = \mu_R - \frac{2\mu_T}{\pi\mu_r^3} + \sigma_R u_R - \frac{2\sigma_T u_T}{\pi\mu_r^3} + \frac{6\mu_T \sigma_r u_r}{\pi\mu_r^4} = 287.527 + 34.48u_R - 17.993u_T + 5.397\ 9u_r$$

$$\sigma_Z = \sqrt{34.48^2 + 17.993^2 + 5.397\ 9^2} = 39.265$$

方向余弦为

$$\lambda_R = -\frac{34.48}{39.265} = -0.878,\ \lambda_T = -\frac{-17.993}{39.265} = 0.458,\ \lambda_r = -\frac{5.397\ 9}{39.265} = -0.137$$

由此可得出新的设计点为

$$R^* = \mu_R + \lambda_R\beta\sigma_R = 344.8 - 0.887\ 8 \times 4.2 \times 34.48 = 217.65\ (\text{N/mm}^2)$$

$$T^* = \mu_T + \lambda_T\beta\sigma_T = 11.3 \times 10^6 + 0.458 \times 4.2 \times 1.13 \times 10^6 = 13.474\ (\text{N} \cdot \text{mm})$$

$$r^* = \mu_r + \lambda_r\beta\sigma_r = 34.20 - 0.137 \times 4.2 \times 0.342\ 0 = 34.003\ (\text{mm})$$

最终，设计的梁宽均值取为 $\mu_r = 34.003$ mm，设计公差为 $3\sigma_r = 0.03\mu_r = 1.02$ mm，即

$$r = (34.003 \pm 1.02)\text{mm}$$

工程上，为了减轻扭杆的质量，有时将受扭杆设计成空心圆管，假设其他情况相同，试确

定管的壁厚。设圆管的壁很薄,外径和内径很接近,在这种情况下有极惯性矩 $J=2\pi r_c^3\delta$,此时壁管上沿壁厚的剪应力值为

$$\tau=\frac{T}{2\pi r_c^2\delta}$$

式中:r_c 是外径和内径的平均值,$r_c=40$ mm,设计中视为定值;δ 为圆管的壁厚,$\sigma_\delta=0.01\mu_\delta$。首先计算剪应力的均值和标准差:

$$\mu_\tau=\frac{\mu_T}{2\pi r_c^2\mu_\delta}=\frac{11.3\times10^6}{2\pi\times40^2\mu_\delta}=\frac{1\,124}{\mu_\delta}$$

$$\sigma_\tau^2=\left(\frac{\partial\tau}{\partial T}\right)^2\sigma_T^2+\left(\frac{\partial\tau}{\partial\delta}\right)^2\sigma_\delta^2=\left(\frac{1}{2\pi r_c^2\mu_\delta}\right)^2\sigma_T^2+\left(\frac{-\mu_T}{2\pi r_c^2\mu_\delta^2}\right)^2\sigma_\delta^2$$

$$=\left(\frac{1}{2\pi\times40^2\mu_\delta}\right)^2\times11.3^2\times10^{12}+\left(\frac{-11.3\times10^6}{2\pi\times40^2\mu_\delta^2}\right)^2\times10^{-4}\mu_\delta^2=\frac{12\,760.819}{\mu_\delta^2}$$

$$\sigma_\tau=\frac{112.96}{\mu_\delta}$$

变异系数为

$$v_\tau=\frac{\sigma_\tau}{\mu_\tau}=\frac{112.96/\mu_\delta}{1\,124/\mu_\delta}=0.100\,5$$

均值安全系数为

$$\bar{n}=\frac{1+\beta\sqrt{v_R^2+v_\tau^2-v_R^2v_\tau^2\beta^2}}{1-\beta^2v_R^2}=\frac{1+4.2\sqrt{0.1^2+0.100\,5^2-0.1^2\times0.100\,5^2\times4.2^2}}{1-4.2^2\times0.1^2}=1.904$$

根据均值安全系数设计表达式

$$\mu_R\geqslant\bar{n}\mu_\tau$$

故而

$$344.8\geqslant1.904\times1\,124/\mu_\delta$$

得

$$\mu_\delta\geqslant\frac{1.904\times1\,124}{344.8}=6.21\,(\text{mm})$$

空心受扭杆的设计壁厚 $\delta\geqslant(6.21\pm0.19)$mm 。

如果将单位长度上的最大转角 θ 超过允许值视为杆失效。对于实心杆圆截面受扭,单位长度上最大转角为

$$\theta=\frac{T}{GJ}\times\frac{180}{\pi}=\frac{360T}{\pi^2Gr^4}$$

式中:剪切模量 G 的参数 $\mu_G=80\,000$ N/mm^2,变异系数 $v_G=0.01$;扭矩 T 的参数 $\mu_T=11.3\times10^6$ N·mm^2,变异系数 $v_T=0.1$;规定的单位长度转角 Θ 的参数为 $\mu_\Theta=2\times10^{-3}/$mm,变异系数 $v_\Theta=0.1$;要求可靠度指标 $\beta=2.8$,试确定扭矩的半径。

解:首先计算在扭矩 T 作用下,杆单位长度产生的最大转角 θ 的均值和标准差为

$$\mu_\theta=\frac{360\mu_T}{\pi\mu_G\mu_r^4}=\frac{360\times11.3\times10^6}{\pi\times80\,000\mu_r^4}=\frac{5\,152.18}{\mu_r^4}$$

$$\sigma_\theta^2 = \frac{360}{\pi^2}\left[\left(\frac{1}{\mu_G\mu_r^4}\right)^2\sigma_T^2 + \left(\frac{-\mu_T}{\mu_G^2\mu_r^4}\right)^2\sigma_G^2 + \left(\frac{-\mu_T}{\mu_G^2\mu_r^5}\right)^2\sigma_r^2\right] = \frac{8\,514.625}{\mu_r^8}$$

$$\sigma_\theta = \frac{92.274\,7}{\mu_r^4}$$

变异系数为

$$v_\theta = \frac{\sigma_\theta}{\mu_\theta} = \frac{5\,152.18/\mu_r^4}{92.274\,7/\mu_r^4} = 0.018$$

将扭矩产生的最大转角视为应力,将设计规定的扭转角视为强度,则均值安全系数为

$$\bar{n} = \frac{1+\beta\sqrt{v_\theta^2 + v_\theta^2 - v_\theta^2 v_\theta^2\beta^2}}{1-\beta^2 v_\theta^2} = \frac{1+2.8\sqrt{0.1^2+0.018^2-0.1^2\times0.018^2\times2.8^2}}{1-2.8^2\times0.1^2} = 1.393\,4$$

根据均值安全系数设计表达式 $\mu_\theta \geqslant \bar{n}\mu_\theta$ 可得

$$2\times10^{-3} \geqslant 1.393\,4\times5\,152.18/\mu_r^4$$

故而

$$\mu_r \geqslant 43.53\ \text{mm}$$

受扭杆的设计半径 $r \geqslant (43.53\pm1.34)$mm 。

思 考 题

1.简述应力-强度干涉理论。

2.受拉杆的强度 R 和受承受的应力 S 均为相互独立的正态随机变量,均值分别为 500 N/mm^2 和 400 N/mm^2,标准差为 20 N/mm^2 和 15 N/mm^2,其余量方程为:①$M=R-S$;②$M=R/S-1$。

试求:

(1)MVFOSM 求可靠度指标 β;

(2)AFOSM 求可靠度指标 β 和设计点 $\boldsymbol{P}^*$。

3.某内压圆筒形容器所用材料为 15MnV,基本随机变量取为内径 D、内压强 P、壁厚 t 和屈服强度 R,基本随机变量相互独立并且服从正态分布,其分布参数为

$$\mu_D=460\ \text{mm},\ \sigma_D=7\ \text{mm};\ \mu_P=20\ \text{MPa},\ \sigma_P=2.4\ \text{MPa}$$
$$\mu_t=19\ \text{mm},\ \sigma_t=0.8\ \text{mm};\ \mu_R=392\ \text{MPa},\ \sigma_R=31.4\ \text{MPa}$$

则内压圆筒的极限状态函数为 $g=R-\dfrac{PD}{2t}$。

试求:

(1)MVFOSM 求可靠度指标 β;

(2)AFOSM 求可靠度指标 β 和设计点 $\boldsymbol{P}^*$。

4.已知转轴受弯矩为 $M=(1.5\times10^5\pm4.2\times10^4)$N·mm、转矩为 $T=(1.2\times10^5\pm3.6\times10^3)$N·mm 的联合作用。该轴用钼钢制成,其抗拉强度的均值和标准差分别为 935 MPa,18.75 MPa,轴径制造公差为 $0.005\mu_d$。若要求其可靠度 $R_e=0.999$,试设计该轴尺寸。

5.可靠性设计方法与传统常规设计方法相比有什么不同与联系?

第6章 可靠性试验与数据统计

可靠性试验是评价产品可靠性水平的重要手段,是开展产品可靠性工作的重要环节。制订完整的可靠性试验计划,内容包括目的、要求、规模、项目、试验方法、抽检方案等,尽可能在使用现场或尽量接近实际使用状况的模拟试验条件下进行可靠性试验,并对可靠性试验结果进行数据统计分析,得到可靠性特征量,并确定产品是否满足规定的可靠性指标,以便作为产品是否合格的依据。

6.1 可靠性试验及其分类

6.1.1 概述

可靠性试验是指为验证、评价和分析产品的可靠性而进行的各种试验,它是对产品进行可靠性调查、分析和评价的重要手段。目前,把测定、验收、评价、分析等为提高产品可靠性而进行的试验,统称为可靠性试验。

一般情况下,在产品研制生产阶段需要对产品进行各种可靠性试验。研发阶段,可靠性试验主要用于评价设计、材料和工艺质量;批量生产阶段,可靠性试验的目的则是质量保证或定期质量管理。可靠性试验用于的阶段不同,其目的也不尽相同,归纳如下:

(1)在研制阶段,可靠性试验用以暴露试制品在设计、材料、工艺方面的各种缺陷;

(2)可靠性鉴定试验可以全面考核产品是否达到预定的可靠性指标;

(3)通过可靠性试验,暴露和分析产品在不同环境和应力条件下的失效规律及有关失效模式和失效机理;

(4)在生产阶段,可靠性试验可为监控生产过程提供信息;

(5)可靠性试验可以为改善产品的战备完好性、提高任务成功性、减少维修费用及保障费用等提供信息。

通过产品的各类可靠性试验,发现并判明产品存在的缺陷,分析失效机理,评估产品可靠性水平,发现产品可靠性的薄弱环节,提出有针对性的改进建议,以消除产品缺陷,提高产品的可靠性。

通常,产品在出厂前,会进行简单的验收试验,包括性能试验、环境适应性试验等,统称为例行试验。可靠性试验不仅包括例行试验的全部内容,还包括上述可靠性试验目的的全部要求。可靠性试验与例行试验的差别见表 6－1。

表 6－1 可靠性试验与例行试验的差别

可靠性试验	例行试验
考核物理参数及性能是否符合出厂验收指标,可靠性是否满足要求	考核物理参数及性能是否符合出厂验收指标
考虑综合环境应力对产品的效应,还考虑产品的累积效应和时间变化效应	只考虑环境应力效应(一般为单应力),不考虑综合环境应力和累积效应
给出性能指标和可靠性指标	只给出性能指标

6.1.2 可靠性试验的分类

可靠性试验的类型很多,可以采用多种方式对可靠性试验进行分类。例如:以试验场所划分,可靠性试验可分为使用现场试验(简称为现场试验)和实验室试验;以试验目的划分,可靠性试验可分为工程试验和统计试验等。

1.按照可靠性试验结果分类,可分为定性与定量可靠性试验两种

(1)定性可靠性试验:当可靠性试验数据少、以往经验不适用时,或者必须在短时间内发现产品的弱点或潜在缺陷、确认其质量保证程度,所实施的可靠性试验为定性可靠性试验。定性可靠性试验的结果无法具体、客观地用以统计分析来获得数字化的定量可靠度值,但可以配合其他数据来主观预测可靠度范围。此类试验包括应力筛选试验、环境试验、阶梯或步进应力试验等。

(2)定量可靠性试验:根据试验结果所获得的可靠性数据及产品的失效模式可以直接推测产品的可靠度水平的可靠性试验,此类试验包括寿命试验、耐久性试验、MTBF 试验、失效率试验等。

2.按照可靠性试验场所分类,可分为使用现场试验和实验室试验两种

(1)使用现场试验:产品在实际使用状态下所进行的可靠性试验。许多大型产品的可靠性试验都是在现场使用状态下进行的。就原理而言,这种试验最能反映产品的实际可靠性水平,因此,现场试验所获得的试验数据是珍贵的。但是一般情况下,这种试验场所范围广,所需时间长,使试验的组织管理工作繁重。不仅如此,由于试验数据受使用环境变化的影响,对探索产品内在的失效规律常有干扰,有时这种干扰是不可忽视的,所以使用现场试验只是在不得已的情况下才采用的试验方法。

(2)实验室试验:在实验室内模拟产品在实际使用条件下进行的可靠性试验。这种试验所施加的环境条件和大小都是一致的,并受到人工控制,如电子元器件在恒温箱内进行的可靠性试验等。这种试验管理简便,投资小,有重复性,便于产品间的比较,目前几乎所有的电子元器件、机械零部件和小型设备都是采用实验室试验。

但是,实验室试验也有其缺点。由于大多数产品的现场使用环境比较复杂,所以不可能在实验室内完全模拟现场使用环境条件,只有选择那些对产品可靠性有影响的环境条件进行模拟,如温度、电压、振动等。这些环境条件通称为应力,其取值称为应力水平。

对于上述实验室试验,通常还以产品的失效情况进行划分。

1)完全可靠性试验(又称为完全寿命试验)。完全可靠性试验要求将投试样品试验到全部失效才结束试验。这种试验可以获得完整的试验数据,统计推断结果较为可靠。但是这种试验常常需要较长时间。例如,对于可靠性较高的电子元器件,假如把投试样品试验到全部失效为止,则需要很长时间,甚至几年、几十年的时间,等它们全部失效,新的元器件可能又设计出来。因此,一般情况下完全可靠性试验难于采用。

2)定时截尾可靠性试验(又称定时截尾寿命试验或 I 型截尾寿命试验)。定时截尾可靠性试验只要求试验进行到事先规定的时间就停止,这时样品的失效个数是随机的。一般来说,定时截尾可靠性试验所需要的试验时间是可控制的,有利于试验计划的制订。由于定时截尾可靠性试验所得到的失效数是随机的,所以在试验时间较短的情况下,可能出现样品失效数较小,甚至可能没有样品失效(称为无失效数据)等情况,样品失效数较少会给试验数据统计分析带来很多困难。例如,对 50 个样品进行定时截尾可靠性试验,假设截尾时间为 1 000 h,那么在 1 000 h 内样品可能失效 20 个,也可能失效 5 个,甚至可能没有样品失效。为了不使样品的失效数过少或过多,恰当地规定试验停止时间是实施定时截尾可靠性试验的关键。

3)定数截尾可靠性试验(又称定数截尾寿命试验或 II 型截尾寿命试验)。定数截尾可靠性试验只要求试验进行到指定的失效个数停止,这时试验的停止时间是随机的。当试验规定失效个数为总样本量时,这种试验就是完全可靠性试验。如有 25% 或 80% 投试样品失效就停止试验就是定数截尾可靠性试验。一般来说,定数截尾可靠性试验所获得的样本量是固定的,便于试验数据的统计分析。但是,由于试验所需时间是随机的,所以给试验计划的制订带来了困难。为了不使试验时间过长,恰当地规定失效个数是实施定数截尾可靠性试验的关键。

除上述几种可靠性试验外,在实际中还常常遇到混合截尾可靠性试验、随机截尾可靠性试验等。

3.按照可靠性试验作用分类,可分为改善型、选别性和确认型可靠性试验

(1)改善型可靠性试验:根据试验所获得的可靠性结果,找出技术上的问题并加以改善,包括环境发展试验、可靠性发展/成长试验、设计验证试验、零件/材料鉴定试验、阶梯或步进应力试验、加速寿命试验等。

(2)选别性可靠性试验:包括零件可靠性筛选试验、环境应力筛选试验、成品可靠性保证试验、出厂验收试验、环境接收试验等。

(3)确认型可靠性试验:包括可靠性鉴定试验、失效率试验、MTBF 试验、寿命试验等。

4.按照可靠性试验目的的分类,可分为工程试验和统计试验两种(见图 6-1)

(1)工程试验是以研制样机为试验对象的可靠性试验,其目的在于暴露产品的设计缺

陷,并采取纠正措施加以排除,以提高产品的可靠性。在试验过程中,如产品出现故障,应及时对故障原因进行分析,并采取有效纠正措施,以消除故障机理,修复后继续进行试验。工程试验包括环境应力筛选试验及可靠性增长试验。

1)环境应力筛选试验是通过加以适当的载荷环境,使存在潜在缺陷的零部件、元器件加速暴露的一系列试验,用以将早期的失效产品在投入使用前剔除出去。典型环境应力有随机振动、温度循环及电应力等。环境应力筛选试验是产品研制过程中必须进行的可靠性试验项目之一,其试验方法和环境应力选择等已形成了多种规范。如在 GJB150 系列标准中规定了军用设备环境试验的方法,在 GJB4 系列标准中规定了舰船电子设备环境试验的方法。

2)可靠性增长试验是为暴露产品的薄弱环节,有计划、有目标地对产品施加模拟实际环境的综合环境应力及工作应力,以激发故障、分析故障和改进设计与工艺,并验证改进措施有效性而进行的试验。可靠性增长试验是产品研制阶段的重要可靠性试验项目之一,是实现可靠性增长的一个正规途径。其目的就是通过"试验—分析—改进—再试验(TAAF)"解决设计缺陷问题,提高产品可靠性。

图 6-1 工程试验和统计试验

(2)统计试验是以批产品作为试验对象而进行的可靠性试验,其目的在于确定产品的可靠性,而不是暴露产品缺陷。统计试验包括可靠性测定试验及可靠性验证试验。

1)可靠性测定试验是为确定产品的单项和多项可靠性特性或其量值而进行的试验。通过可靠性测定试验可以获得产品当前的可靠性水平。

2)可靠性验证试验是为确定产品的可靠性特征量是否达产品的规定要求而进行的试验。它又可分为可靠性鉴定试验与可靠性验收试验。可靠性鉴定试验是在产品设计定型阶段,为验证产品设计是否达到规定的可靠性要求,抽取有代表性的产品在规定条件下所进行的试验,可为设计定型提供依据。可靠性验收试验是在产品交付阶段,为验证批生产产品是否达到规定的可靠性要求,在规定条件下所进行的试验,可为是否接受该批产品提供依据。由此可见,可靠性鉴定试验和可靠性验收试验的目的不同。

5.按照可靠性试验所使用的技术特征分类,可分为可靠性寿命试验、加速寿命试验、可靠性增长试验、可靠性筛选试验、可靠性抽样试验、环境适应性试验等以上的典型可靠性试验将在 6.2 节中给出具体介绍。

6.1.3　可靠性试验的要素

可靠性的定义为产品在规定的条件下和规定的时间内,完成规定功能的能力。可见,可靠性实施重要考虑"三个规定":"规定条件""规定时间""规定功能"。因此,在规划可靠性试验时,需要考虑以下四个要素:试验条件、试验剖面、故障判据以及性能检测方法。

1.试验条件

试验条件的正确选择是产品可靠性试验结果能否真实反映产品可靠性水平的重要因素之一。试验条件的确定取决于产品的种类及其工作的自然环境、安装位置、产品对环境因素的敏感情况等。选择试验条件应考虑的因素包括以下几个方面。

(1)试验目的不同,试验条件也将不同。一般情况下,产品的可靠性要高于某一临界水平,则试验条件应为最恶劣的使用条件。如果是鉴定试验,则试验条件为正常使用的典型环境条件。如果是强化或加速试验,试验条件应为超出容许范围但不改变失效机理的应用条件。

(2)现场实际使用条件:包括环境条件、工作条件、使用维护条件等。

(3)使用条件下不同应力因素引起故障的可能性。

(4)实验设备条件及试验时间。

2.试验剖面

在可靠性试验中,剖面包括寿命剖面、任务剖面、环境剖面、试验剖面四个方面。

寿命剖面是确定产品环境条件的基础,是产品从制造到寿命终结或退出使用这段时间内所经历的全部事件和环境的时序描述。它涉及产品寿命周期内的每一个重要时间,如试验、检验、运行、运输等。

任务剖面是对产品完成规定任务经历的全部重要事件和状态的时序描述。它是寿命剖面的一部分。根据执行任务的数量(单一任务或多项任务),任务剖面可以是一个,也可以是多个。

环境剖面是产品在运输、储存、使用中遇到的各种主要环境参数的时序描述,主要依据任务剖面确定,同时兼顾运输和储存。任务剖面和环境剖面一一对应。

试验剖面是直接供试验用的环境参数与时间的关系图,按照一定的规则对环境剖面进行处理后得到的。对于执行单一任务的产品,试验剖面与环境剖面、任务剖面是一一对应关系;对于执行多项任务的产品,则应按照一定的规则将多个试验剖面合并成一个综合试验剖面。

3.故障判据

可靠性试验是围绕故障展开的,故可靠性研究问题就是故障研究问题。在可靠性试验中,产品故障的判定及故障分析处理是最关键最重要的工作之一,它直接关系到试验结果的准确性及试验效果。

4. 性能检测

可靠性试验中,产品的性能检测最好采用自动监测,这样可以得到失效产品发生故障的准确时间。若采用人工测试,则应在每个试验循环设置若干个测试点和测试时间点,这些测试点在试验大纲中要事先规定。

6.1.4 可靠性试验的程序

可靠性试验一般要花费大量时间及人力物力。为了确保可靠性试验达到预期目的,在安排可靠性试验时,应尽可能地与产品的其他试验(如性能试验、环境试验和耐久性试验等)结合起来,使各种可靠性试验与产品研制生产的全局进度计划、人力调动、费用统筹等协调起来。为了确保可靠性试验的顺利进行,在可靠性试验进行之前,需要制定详细的可靠性试验大纲(或工作计划),对试验所涉及的试验条件、试验剖面、故障判据、性能监测等要素进行规定。可靠性试验大纲应包括的主要内容如下:

(1)明确试验目的及要求;

(2)明确试验对象和规定试验样品;

(3)明确试验地点与条件;

(4)明确制定试验方案;

(5)明确试验参加人员;

(6)制定试验记录表格及统计方法。

可靠性试验大纲一定要经过各方专家反复研究,慎重制定。在试验计划确定后,还应明确可靠性试验的管理程序,如可靠性试验数据的信息收集、反馈和资料汇总等。

6.2 典型的可靠性试验

6.2.1 可靠性寿命试验

用以评价产品寿命特征(寿命分布、平均寿命等)的可靠性试验,称为可靠性寿命试验。对于大部分电子产品,寿命是最主要的一个可靠性特征量。因此,可靠性试验往往指的就是寿命试验。寿命试验是在生产过程比较稳定的条件下,剔除了早期失效产品后进行的试验,通过寿命试验可以了解产品寿命分布的统计规律。

典型可靠性
试验

1. 寿命试验的分类

寿命试验可以分为贮存寿命试验、工作寿命试验和加速寿命试验。

(1)贮存寿命试验。产品可靠性测试是在规定的环境条件下进行非工作状态的存放试验,叫贮存寿命试验。贮存寿命试验条件通常为室内、棚下、露天等,因此贮存的环境试验方法又称天然暴露试验。贮存寿命试验的样品处于非工作状态,贮存寿命试验需要较多的试验样品和长期的观察测量,才能对产品作出较好的预计和评价。为缩短试验时间可以进行贮存的加速试验,加速贮存试验常用高温贮存来实现。

(2)工作寿命试验。产品在规定的条件下做加负荷的试验,叫工作寿命试验。工作寿命试验分为连续工作寿命试验和间断工作寿命试验。连续工作寿命试验还分为静态连续工作和动态连续工作两种。间断工作寿命试验的特点是周期性的工作和停止工作,动态连续工作是不间断地连续工作。

(3)加速寿命试验。为缩短试验时间,节省样品与试验费用,快速地评价产品的可靠性,就需要作加速寿命试验;另外由于当前工艺水平的提高,常规试验方法已很难判定产品的可靠性水平,所以也需要采用加速寿命试验方法;产品的更新速度太快,常规试验时间赶不上产品淘汰速度,只能采用加速寿命试验方法或其他的方法判定产品的可靠性水平。加速寿命试验是在不改变产品的失效机理和增添新的失效因子的前提下,提高试验应力(相对于工作状态的实际应力或产品的额定承受应力),以加速产品的失效过程。

由于寿命试验费时较多,通常不待受试样品全部失效就要结束,即大部分寿命试验都是截尾试验。根据试验截尾方式(固定试验时间或固定试验中失效样品数)和受试样品失效后有无替换,寿命试验可分为无替换定时截尾试验、有替换定时截尾试验、无替换定数截尾试验和有替换定数截尾试验四种。

抽取 n 个产品进行试验,到规定试验时间 t_0 结束试验,此时有 r(r 是随机的)个产品失效,这种试验方案称为无替换定时截尾试验,记为$(n, t_0, 无)$试验,此时 r 个失效产品的失效时间为 $t_1 \leqslant t_2 \leqslant \cdots \leqslant t_r$,如图 6-2 所示。抽取 n 个产品在 n 个试验台上同时进行试验,在一个产品失效后立即用同型的新产品接替继续试验,直到规定试验时间 t_0 结束试验,此时有 r 个产品失效,这种试验方案称为有替换定时截尾试验,记为$(n, t_0, 有)$试验,如图 6-3 所示。

图 6-2　$(n, t_0, 无)$试验

图 6-3　$(n, t_0, 有)$试验

抽取 n 个产品进行试验,直到出现 r 个产品失效停止试验,这种试验方案称为无替换定数截尾试验,记为$(n, r, 无)$试验,此时前 r 个失效产品的失效时间为 $t_1 \leqslant t_2 \leqslant \cdots \leqslant t_r$,如图 6-4 所示。抽取 n 个产品在 n 个试验台上同时进行试验,在一个产品失效后立即用同型的新产品接替继续试验,直到有 r 个产品失效时结束试验,这种试验方案称为有替换定数截

尾试验,记为$(n,r,有)$试验,如图 6-5 所示。

图 6-4 $(n,r,无)$试验　　　图 6-5 $(n,r,有)$试验

2.寿命试验的设计原则

进行寿命试验设计时要考虑如下原则:

(1)试验条件及失效判据标准要确定。

(2)试验样品及抽样数的选取。

(3)试验的测试项目及测试设备要确定。

(4)试验的测试周期及截止时间的确定。

(5)试验结果的数据处理方法要得当。

除了以上寿命试验要考虑的问题外,加速试验方法还要注意以下要求:

(1)提高试验的应力条件,应力条件主要为环境应力。

(2)可靠性测试满足寿命试验的失效机理,但不能增加新的失效机理。

3.寿命试验的主要内容

(1)试验目的。

1)可靠性测定:确定产品的寿命分布和失效率、平均寿命等参数。

2)可靠性试验:通过寿命试验来判断某批产品能否符合规定的可靠性要求。

3)可靠性鉴定:鉴定产品的设计和生产工艺是否符合可靠性要求。

(2)试验对象。寿命试验的样品必须在筛选试验和例行试验的合格批中抽取,所选择的样品必须具有代表性。样品数量要能保证统计分析的正确性,又要考虑试验代价不能太大,并为试验设备条件所允许。

(3)试验条件。要了解产品贮存寿命,需施加一定的环境应力;要了解产品工作寿命,需施加一定的环境应力和电应力。试验条件要严格控制在误差很小的范围内,保证试验的一致性。

(4)试验截止时间。寿命试验做到全数试样失效是不现实的,从统计分析的角度来看,也是不必要的,只要有一定部分的试样失效就可以停止试验。

(5)测试周期。选定原则是要使每周期内测得的失效数大致相同,测试工作量不需太

大,但又要尽可能详细地了解事故发生过程。

(6)失效判据。通常以产品技术指标是否超出最大允许偏差范围作为失效判据,也可用是否出现致命失效作为判据,应根据使用要求在试验前作出明确规定。

(7)数据记录和处理。按产品失效的数量、时间列出累积失效概率表,以便对失效分布类型及可靠性指标作出估计;按失效产品的失效形式分别统计作出主次图,找出影响可靠性的主要因素;有条件时还应对失效样品进行失效物理分析,找出材料、设计、工艺方面的原因,采取对策来提高可靠性。

6.2.2　加速寿命试验

随着科学技术的发展,高可靠、长寿命产品愈来愈多,为了评定产品的可靠性,在使用环境条件(正常应力水平)下进行截尾可靠性试验已无法适应实际需要。例如,许多电子元器件在正常应力水平下的平均寿命可达到几百万小时或几千万小时,若取 1 000 个这样的元器件进行截尾可靠性试验,为了获得一定数量的失效数据,需要试验数万小时,甚至更长,这相当于几年时间,这不仅加大试验费用,而且由于时间长,使试验失去意义。为了解决上述矛盾,人们又发展了可以有效地缩短试验时间的可靠性试验方法——加速寿命试验。

加速寿命试验是指采用加大应力的方法促使样品在短期内失效,以预测在正常工作条件或贮存条件下的可靠性,但不改变受试样品的失效分布。将这种比正常使用环境恶劣的应力水平称为加速应力水平。在这些加速应力水平下进行寿命试验,由于产品的试验环境变得恶劣,从而加速了产品失效,缩短了试验时间。根据试验中应力施加方式的不同,又可分为:①在试验过程中应力保持不变的恒定应力加速寿命试验;②试验过程中应力逐级步进式增加的步进应力加速寿命试验;③试验过程中应力连续增加的序进应力加速寿命试验,如图 6 - 6 所示。它们分别表示了三种基本加速寿命试验的应力加载历程。

(1)恒定应力试验(Constant-Stress Testing,CST)。其特点是对产品施加的"负荷"的水平保持不变,其水平高于产品在正常条件下所接受的"负荷"的水平。试验是将产品分成若干组后同时进行,每一组可对应不同的"负荷"水平,直到各组产品都有一定数量的产品失效时为止。恒定应力试验的应力加载时间历程如图 6 - 6(a)所示。

(2)步进应力试验(Step-Up-Stress Testing,SUST)。此试验对产品所施加的"负荷"是在不同的时间段施加不同水平的"负荷",其水平是阶梯上升的。在每一时间段上的"负荷"水平,都高于正常条件下的"负荷"水平。因此,在每一时间段上都会有某些产品失效,未失效的产品则继续承受下一个时间段更高一级水平下的试验,如此继续下去,直到在最高应力水平下也检测到足够失效数(或者达到一定的试验时间)为止。步进应力试验的应力加载时间历程如图 6 - 6(b)所示。

(3)序进应力试验(Progressive Stress Testing,PST)。序进应力试验方法与步进应力试验基本相似,区别在于序进应力试验加载的应力水平随时间连续上升。图 6 - 6(c)表示了序进应力加载最简单的情形,即试验应力随时间呈直线上升的加载历程。

在获得失效数据的基础上,运用加速寿命试验模型,对产品在正常应力水平下的各种可靠性特征进行统计推断。

图 6-6 加速寿命试验的应力加载历程

(a)恒定应力试验 CST;(b)步进应力试验 SUST;(c)序进应力加速寿命试验 PST

6.2.3 可靠性增长试验

由于新技术不断涌现,产品更新换代加速,要求新产品具有更高的可靠性,因此,可靠性问题往往成为产品研制过程中最为棘手的问题。对于大多数产品,在其研制初期,可靠性与性能参数都不可能达到所规定的指标要求。为了在最短的时间,用最少的费用使产品的可靠性达到规定的指标,必须经过"试验—暴露—改进—再试验"的反复过程,使产品的设计、制造工艺、操作方法中存在的缺陷不断被暴露,并通过分析和改进,使产品缺陷不断被消除,改进后的产品可靠性得到提高,直到满足规定的指标要求,这就是可靠性增长过程(见图6-7)。

图 6-7 可靠性增长的基本过程

可靠性增长试验是指在真实或模拟真实环境条件下对产品进行正规试验的过程。可靠性增长试验是通过发现故障、分析和纠正故障以及对纠正措施的有效性进行验证以提高产品可靠性水平的过程,即一种反复的"试验、分析和纠正故障"的过程。增长试验包含对产品性能的监测、故障检测、故障分析及其以减少故障再现的设计改进措施的检验。试验本身并不能提高产品的可靠性,只有在采取了有效的纠正措施来防止产品在现场工作期间出现重复的故障之后,产品的可靠性才能真正提高。产品研制和生产过程中都应促进自身的可靠性增长。预期的增长应表现在研制阶段和生产过程中都有相应的增长目标值。因此,应制订一个完整的可靠性增长计划,包括对产品开发增长的计划曲线。增长计划曲线的制订主要应根据同类产品预计过程中所得的数据,通过分析以便确定可靠性增长试验的时间,并且使用监测试验过程的方法对增长计划进行管理。

1.可靠性增长试验的方式

随着产品可靠性增长试验的实施,产品的可靠性水平不断提高,由于可靠性增长试验常常贯穿于产品的整个研制后期,其试验常常具有持续时间长、试验环境和试验方式多种多样等特点,加之人们对在试验中出现故障的处理方式也不尽相间,所以产品可靠性的增长方式具有多样性。在实际工程中,常见的可靠性增长试验包括 3 种方式,增长曲线如图 6-8 所示。

图 6-8　可靠性增长试验方式
(a)平滑型;(b)阶梯型;(c)阶跃型

(1)试验—改进—再试验。试验中样机一旦发生故障,就立即停止试验,分析其故障发生的原因,并采取有针对性的纠正措施,对样机进行改进,对改进后的样机进行再试验,这种可靠性增长试验模式的特点是:样机的可靠性随着时间不断增长,其可靠性增长曲线如图 6-8(a)所示为平滑型。

(2)试验—暴露缺陷—集中改进—再试验。试验中当样机出现故障时,并不立即停止试验,而只是记录样机故障的发生时间和现象,并对样机进行修复性修理,修复后的样机可靠性并没有增长,将修复后的样机继续参与试验,直到规定的时间才结束试验。在阶段试验结束后,技术人员对样机所出现的故障进行集中改进,统一对样机采取改进措施,以消除样机存在的缺陷,对改进后的样机进行再试验,这种可靠性增长试验模式的特点是:在阶段可靠性试验中,产品的可靠性没有改善,只有通过集中改进后才有增长,其可靠性增长曲线如图 6-8(b)所示为阶梯型。

(3)含有延缓改进的试验—改进—再试验。将可靠性增长试验中出现的故障分为两类:一类是致命故障,该类故障一旦发生,需要立即采取分析纠正措施,消除引发故障的缺陷,使得产品可靠性得以增长。另一类是非致命性故障,当该类故障发生时,只是记录样机故障的发生时间和现象,对样机进行修复性修理,并将修复后的样机继续参与试验,只有在阶段试验结束时进行集中分析并采取有效改进措施,即通过试验→暴露问题→有些问题立即改进(有些问题延缓改进)。这种可靠性增长试验模式的特点是:样机的可靠性随时间不断增长,但在阶段试验点处,其可靠性将有跳跃性增长,其可靠性增长曲线如图 6-8(c)所示为阶跃型。

在产品研制的整个阶段中,在不同的研制阶段对产品暴露的缺陷可以采用不同的处理方式,因此其可靠性增长曲线可能是上述 3 种曲线的综合。

2.可靠性增长试验模型

为了实现对可靠性增长的管理,需用数学模型对增长速度作评估。常用模型有 3 种。

(1)Compertz 增长模型。Compertz 增长模型是时间序列分析中用来反映增长趋势的一种工具。该模型具有如下特点:

1)模型开始增长较快,以后逐步减慢,最后趋于一个极限。

2）Compertz 增长模型的表达式为

$$R(N)=abc^N \quad (N=0,1,2,\cdots) \tag{6.1}$$

式中：N 为时期序号；$R(N)$ 为时期 N 的可靠度；a、b、c 为模型参数，$0<a\leqslant1,0<b<1,0<c<1$。当 $N\to\infty$ 时，$R(N)\to a$，可见，a 为 $R(N)$ 的增长上限。当 $N\to0$ 时，$R(N)\to ab$，可见，ab 为 $R(N)$ 增长的初始水平。b 值反映初始水平与 $R(N)$ 增长上限的比值，c 值反映 $R(N)$ 增长速度，当 c 值减小时，增长速度加快。在实际工程中，用 Compertz 增长模型曲线调整管理计划、改进研究策略，使产品可靠性增长符合预期要求。

（2）Duane 增长模型。Duane 增长模型于 1962 年由美国通用电气公司（J. D. Duane）提出，在工程实际中得到广泛应用，尤其电子、机电、光电系统的可靠性增长规律很好地符合 Duane 增长模型。

记可修复产品的累积工作时间为 t，在时间区间 $[0,t]$ 内产品的累积故障次数为 $N(t)$，其数学期望记为 $E(N(t))$，系统的累积失效率定义为

$$\lambda_\Sigma(t)=E(N(t))/t \tag{6.2}$$

Duane 增长模型的表达式为

$$\lambda_\Sigma(t)=kt^{-c} \tag{6.3}$$

式中：模型参数 $k>0$；c 为增长速率，$0<c<1$，c 一般在 $0.3\sim0.6$ 之间。

对式（6.3）两边取对数，可得线性表达式为

$$\ln\lambda_\Sigma(t)=\ln k-c\ln t \tag{6.4}$$

式（6.3）和式（6.4）反映了故障率随研制阶段的进展而下降的情况。

累积故障率的估计值为 $\hat{\lambda}_\Sigma(t)=\dfrac{N(t)}{t}$，即

$$N(t)=\hat{\lambda}_\Sigma(t)\times t=kt^{-c}\times t=kt^{1-c} \tag{6.5}$$

由式（6.5）可得瞬时故障率为

$$\lambda(t)=\frac{\mathrm{d}N(t)}{\mathrm{d}t}=(1-c)kt^{-c}=(1-c)\lambda_\Sigma(t) \tag{6.6}$$

为了工程使用方便，利用累积故障率和瞬时故障率定义产品的累积平均寿命 $\theta_\Sigma(t)$ 和瞬时平均寿命 $\theta(t)$ 分别为

$$\theta_\Sigma(t)=\frac{1}{\lambda_\Sigma(t)}=\frac{t^c}{k} \tag{6.7}$$

$$\theta(t)=\frac{1}{\lambda(t)}=\frac{t^c}{(1-c)k}=(1-c)^{-1}\theta_\Sigma(t) \tag{6.8}$$

（3）AMSAA 增长模型。由于 Duane 增长模型是经验型的非参数模型，没有累积故障次数 $N(t)$ 的分布函数，所以难以获得产品可靠性指标的区间估计。为此，利用非齐次 Poisson 过程描述产品可靠性增长规律，其中最常见的就是由美国装备系统分析中心（Army Materiel System Analysis Activity）的 L. Crow 提出的 AMSAA 增长模型，也被称为 Crow 模型。

产品的累积故障次数 $N(t)$ 服从非齐次 Poisson 过程，其故障均值函数 $m(t)$ 为

$$m(t)=at^b,t>0,a>0,b>0 \tag{6.9}$$

其中,a 为初始可靠度函数,b 为增长参数,与产品的改进效果密切相关。在产品可靠性增长试验中,当对故障模式所采取的纠正措施非常有效时,增长参数 b 一般在 $0.4\sim0.6$ 之间;而当纠正措施效果较差时,增长参数 b 一般在 $0.8\sim0.95$ 之间。

则瞬时故障率和瞬时平均寿命分别为

$$\lambda(t)=\frac{\mathrm{d}N(t)}{\mathrm{d}t}=abt^{b-1} \tag{6.10}$$

$$\theta(t)=\frac{1}{\lambda(t)}=\frac{t^{1-b}}{ab} \tag{6.11}$$

模型参数 a、b 的极大似然估计值为

$$\left.\begin{array}{l}\hat{a}=\dfrac{N(t)}{t^b}\\[3mm]\hat{b}=\dfrac{N(t)}{\sum\limits_{i=1}^{N(t)}\ln\dfrac{t}{t_i}}\end{array}\right\} \tag{6.12}$$

增长试验数据是否符合 AMSAA 模型,需要进行拟合优度检验,采用 Cramer-Von Mises 统计量进行检验,即 CVM 检验:

$$C_N^2=\frac{1}{12N}+\sum_{i=1}^N\left[\left(\frac{t_i}{t}\right)^{\bar{b}}-\frac{2i-1}{2N}\right]^2 \tag{6.13}$$

式中:对于定时截尾试验,$N=N(t)$,对于定数截尾试验,$N=N(t)-1$;$\bar{b}$ 是参数 b 的无偏估计,$\bar{b}=\dfrac{N(t)-1}{N(t)}\hat{b}$;给定显著性水平 α,可查表(见附录 B.4)得 $C_N^2(\alpha)$。若 $C_N^2<C_N^2(\alpha)$,则认为拟合良好,数据符合 AMSAA 增长模型。

AMSAA 增长模型与 Duane 增长模型具有内在联系,但 AMSAA 增长模型可以直接用试验的原始数据(试验时间与故障数),计算较为简单。因此,目前工程上最广泛采用 AMSAA 增长模型。

6.2.4　可靠性筛选试验

所谓筛选,就是设法除去在材料、元件、器件、设备、系统等方面潜在的不良因素和缺陷,而把优良的产品挑选出来。采用外加应力或其他手段将成品中潜在的早期失效产品剔除的试验称为可靠性筛选。筛选试验是一种对产品进行全数检验的非破坏性试验。其目的是为了选择具有一定特性的产品或剔除早期失效的产品,以提高产品的使用可靠性。产品在制造过程中,由于材料的缺陷或工艺失控,使部分产品出现所谓早期缺陷或故障,这些缺陷或故障若能及早剔除,就可以保证在实际使用时产品的可靠性水平。

1. 可靠性筛选试验的特点

可靠性筛选试验的特点包括以下几个方面:

(1)可靠性筛选试验不是抽样试验,而是 100% 试验。

(2)可靠性筛选试验可以提高合格品的总的可靠性水平,但不能提高产品的固有可靠性,即不能提高每个产品的寿命。

（3）不能简单地以筛选淘汰率的高低来评价筛选效果。淘汰率高，有可能是产品本身的设计、元件、工艺等方面存在严重缺陷，但也有可能是筛选应力强度太高。淘汰率低，有可能产品缺陷少，但也可能是筛选应力的强度和试验时间不足造成的。通常以筛选淘汰率 Q 和筛选效果 β 值来评价筛选方法的优劣，合理的筛选方法应该是 β 值较大，而 Q 值适中。筛选剔除率为

$$Q = \frac{n}{N} \times 100\% \tag{6.14}$$

式中：n 为剔除产品的数目；N 为参与筛选产品的总数目。

筛选效果为

$$\beta = \frac{\lambda_N - \lambda_S}{\lambda_N} \times 100\% \tag{6.15}$$

式中：λ_N 为筛选前产品的失效率；λ_S 为筛选后产品的失效率。

2. 可靠性筛选试验的分类

可靠性筛选分为常规筛选和特殊环境筛选。在一般环境条件下使用的产品只需进行常规筛选，而在特殊环境条件下使用的产品则除需进行常规筛选外，还需进行特殊环境筛选。在实际筛选的选择时，主要依据产品的失效模式和机理，根据不同的质量等级，结合可靠性要求或实际使用条件以及工艺结构情况确定。

常规筛选按筛选性质分类如下。

（1）检查筛选：显微镜检查筛选、红外线非破坏性检查筛选、颗粒碰撞噪声检测（Particle Impact Noise Detection，PIND）、X 射线非破坏性检查筛选。

（2）密封性筛选：液浸检漏筛选、氦质谱检漏筛选、放射性示踪检漏筛选、湿度试验筛选。

（3）环境应力筛选：振动/冲击/离心加速度筛选、温度冲击筛选。

（4）寿命筛选：高温储存筛选、功率老化筛选。

3. 可靠性筛选方案的确定步骤

（1）可靠性筛选方案设计原则。筛选要有效地剔除早期失效产品，但不应使（不应剔除的）正常产品提高失效率。为提高筛选效率，可以使用强应力筛选，但不应使产品因此而产生新的失效模式。筛选项目和应力不必只模拟使用情况。试验设计前，设计者必须对元器件供应者正常筛选效率有所掌握。试验程序必须是加应力筛选在前，检查测试性筛选在后。对被筛选对象可能的失效模式有所掌握。为制定合理有效的筛选方案，必须了解有关元器件特性、材料、封装及制造技术。将不可靠产品淘汰在上机前，以减少不必要的损失。

（2）筛选项目的确定。筛选项目的确定是以元器件的失效模式和失效机理为依据的。不同类型的元器件进行的筛选项目不同；不同等级，筛选试验项目不同，试验条件也不同；在总规范中有相应要求，如 GJB597、GJB33 等规范。

（3）筛选应力强度的确定。确定筛选应力强度的原则：①能最有效地激发早期失效，即所施加的应力应是对失效机理能起最大作用的；②能将不可靠的产品剔除而不损坏可靠的产品。

元器件的失效概率与其使用的应力（如电应力、温度应力、机械环境应力等）有密切的关

系。使用应力越高,其失效率也越高。对于筛选应力值的选取必须十分谨慎:应力值太小,造成欠筛选,不能有效剔除早期失效的产品;应力值过大,造成过筛选,可能改变原有的失效机理和增加新的失效模式。

(4)筛选时间的确定。筛选时间确定的原则:选择筛选时间应是曲线转折点 t_{ef} 处,即位于早期失效期的终端(见图 6 - 9)。

图 6 - 9　筛选时间曲线

总之,可靠性筛选方案设计包括以下两个方面内容:

(1)根据元器件的失效机理和失效模式确定筛选项目和各项目的试验条件,包括试验应力水平、试验时间、测量参数、测量周期、筛选合格判据等。

(2)筛选项目按照一定先后次序排列起来,成为一个完整的试验方案。

6.2.5　可靠性抽样试验

抽样试验可分为计数抽样试验和计量抽样试验两大类。

计数抽样试验是按试验结果,用不合格产品、外观缺陷数来判断整批产品是否合格。为了由抽样试验结果来判断产品是否合格,首先要确定抽验量 n 及合格判定数 c,设 d 表示 n 个样品中不合格品数(计数抽样试验情况)或失效个数(计量抽样试验情况),当 $d \leqslant c$ 时,认为产品合格,接收;反之,认为产品不合格,拒收。

计量抽样试验是在假定产品的某项主要质量特性已知为正态分布,抽取 n 个样本,根据其测定值计算样本平均数 $\bar{x}$ 及样本标准差 s,分别作为总体均值 μ 及标准差 σ 的估计值,再利用规格的上(下)限可算出所分配的正态曲线在规格界限外的面积,此即该批产品的估计不良率,若不良率小于最大允许不良率,接收该批,否则拒绝。

需要注意的是,在进行抽样试验时,样本应具有代表性,即样本应该是从一批同类产品中随机抽出的若干个体。因此抽样试验的前提是产品的生产是稳定的,产品的可靠性(或质量)有较好的一致性。样本的可靠性才能在一定程度上代表这批产品的可靠性(或质量),因为有可能通过对样本的可靠性(或质量)特征指标来估计整批产品的可靠性(或质量)的特征。否则,抽样试验就没有意义了。

1.抽样试验的一般原理

可靠性抽样试验又称为抽样检验或抽样验证试验,它是从产品的总体中,抽出一部分样品,通过这一部分样品的可靠性试验,来估计产品总体的可靠性。为了实施抽样试验,在一定条件下汇集起来的一定数量的产品称为产品批,或简称批。批中的基本单位称为单位产品。

2. 故障率(或平均寿命)抽样试验方法

抽样检验的方法有以下三种:简单随机抽样、系统抽样和分层抽样。

(1)简单随机抽样。简单随机抽样是指一批产品共有 N 件,从中任意抽取 n 件产品进行检验。如抽奖时摇奖的方法就是一种简单的随机抽样。简单随机抽样时必须注意不能有意识抽好的或差的,也不能为了方便只抽表面摆放的或容易抽到的。

(2)系统抽样。系统抽样是指每隔一定时间或一定编号进行,而每一次又是从一定时间间隔内生产出的产品或一段编号产品中任意抽取一个或几个样本的方法。这种方法主要用于无法知道总体的确切数量的场合,如每个班的确切产量,多见于流水生产线的产品抽样。

(3)分层抽样。分层抽样是指针对不同类产品有不同的加工设备、不同的操作者、不同的操作方法时对其质量进行评估时的一种抽样方法。在质量管理过程中,逐批验收抽样检验方案是最常见的抽样方案。无论是在企业内或企业外,供求双方在进行交易时,对交付的产品验收时,多数情况下验收全数检验是不现实或者没有必要的,经常要进行抽样检验,以保证和确认产品的质量。验收抽样检验的具体做法通常是:从交验的每批产品中随机抽取预定样本容量的产品项目,对照标准逐个检验样本的性能。如果样本中所含不合格品数不大于抽样方案中规定的数目,则判定该批产品合格,即为合格批,予以接收;反之,则判定为不合格,拒绝接收。

6.2.6 环境适应性试验

1. 环境条件的分类及其对产品的影响

环境条件即产品在贮存、运输和工作过程中可能遇到的一切外界影响因素(产品在生产厂家内、外)。

(1)气候条件:包括温度、湿度、气压、风、雨、水、露、霜雪、沙尘、盐雾、油雾、游离气体和其他有害气体等因素,可导致产品电性能改变、材料腐蚀和机械损伤。

(2)力学条件:包括振动、冲击、离心、碰撞、跌落、静力负荷、失重、声振、爆炸,冲击波等,可导致产品结构损伤、材料断裂或疲劳、引线断开等。

(3)生物条件:包括霉菌、昆虫、啮齿动物等。霉菌吞噬、繁殖、吸附水分和分泌酶,使所有有机材料和部分无机材料强度降低,介质损耗增大,金属腐蚀,白蚁、木蜂、老鼠咬坏电缆,排出粪便造成短路。

(4)辐射条件:包括太阳紫外线辐射引起材料老化,核爆炸环境的中子辐射引起永久性损伤,辐射引起瞬时效应,造成电子元件失效,空间带电粒子可使卫星的电子元器件损坏。

(5)电磁条件:包括电场、磁场、闪电、雷击、电晕、核爆炸产生的电磁波,以及电子设备内部、外部的电磁干扰等。

2. 环境试验方法

(1)现场使用试验。一些产品在样机研制完成之后,必须经过一段时间的现场使用考验,才能大批生产。这个现场使用试验取得的数据可真实地反映产品在实际使用条件下的可靠性,但是周期长,花费大,有一定局限性,用于重要产品。

现场使用试验可真实地反映产品在实际使用条件下的可靠性,同时,也是检验人工模拟试验准确性的依据,因此,现场使用试验可作为设计制造过程中的一个环节。例如飞机在样机研制完成后,要经 1 000 h 试飞,才能正式投产。

(2)天然暴露试验。把样品长期暴露于天然气候环境(如热带、亚热带、寒带、高原地带等),样品可处于工作负荷状态或贮存状态,通过定期观测,可以了解产品电参数、机械性能和外观的变化。

(3)人工模拟试验。人工控制条件下的试验,是在试验箱内或试验台上进行的,目的是在短时间内观察产品所能承受的环境应力大小。环境模拟试验的设计者应对产品实际使用的环境有确切的了解,以使其能够正确地规定试验条件和合理地安排试验顺序,为取得准确数据,应特别注意试验设备要合格,应定期标定。

常用试验项目有低温、高温、热冲击、温度循环、潮热、低气压、盐雾、霉菌、沙尘、振动、冲击、碰撞、离心、运输、声振、爆炸、真空冷热浸、真空冷焊试验等。一般可分为单项环境试验与综合环境试验两大类。

(1)单项环境试验。目前,多数环境试验是针对环境因素分别单项进行的,这种试验的好处在于试验设备比较简单,试验费用较少,并且很容易看出某因素对产品的影响。

(2)综合环境试验。在实用中,产品受客观环境的影响,常常是几种环境因素共同作用的结果,因此有必要选择有代表性的应力条件进行组合试验,并使其与实际使用环境接近。

综合环境试验的优点是:可以较为真实地模拟使用环境,从而增加试验的真实性和可靠性;创造利用地面模拟试验代替空中飞行试验的条件;真实暴露由于诸多环境因素共同作用所引起的产品失效模式。但由于综合环境试验设备复杂、试验周期长、费用昂贵,所以发展受到一定的限制。

6.3　可靠性数据的统计分析

6.3.1　可靠性数据统计的概述

1.可靠性数据的收集

进行可靠性数据的统计分析,需要大量丰富、详实的数据。因此,需要严格、规范的可靠性数据收集的渠道和程序,以保证收集到能够切实反映产品可靠性水平的基础数据,从而为可靠性数据统计分析提供可信的数据基础。

可靠性数据主要来源于两个方面:①可靠性试验的测试数据;②产品实际使用的现场数据。可靠性试验数据主要以截尾试验(定数截尾试验和定时截尾试验)为主。因为完全寿命试验数据的获取时间长甚至难以实现,所以往往获取的是产品的部分故障观测数据。现场数据是产品实际使用过程中观测到的可靠性数据,它记录了产品的故障时间或者无故障工作时间,是评估产品可靠性参数的重要依据。然而,现场数据的搜集困难多、投资大、时间长,使用地区或环境条件等的差异,致使现场数据的波动较大,因此需要相应的组织管理,并根据不同情况和要求进行分析与处理。

可靠性数据收集时需包含以下内容:明确的产品、系统、部件等对象,确切的温度、湿度、工作环境等影响因素,真实的应力大小、人机界面、维修情况等使用条件,详细的故障单元、故障时间、故障模式、故障原因、故障影响、故障纠正措施等故障状况,明确的维修方式、维修级别、维修时间、维修结果、所用备件的型号/数量/来源等维修状况。

所搜集的可靠性数据具有如下特点:①时间性。可靠性数据多以广义时间(包括时间、周期、次数、距离等)来描述,产品的无故障工作时间反映了它的可靠性。②随机性。产品发生故障的时间是随机的,因此描述其故障发生时间的变量也是随机的。③时效性。可靠性数据的产生和利用与产品寿命周期的各个阶段密切相关,各阶段产生的可靠性数据能够反映该阶段产品的可靠性水平,因此可靠性数据具有较强的时效性。④可追溯性。可靠性数据反映了产品可靠性水平的发展趋势和过程,如改型产品的可靠性得到增长,当前的可靠性数据与过去的数据有关,体现出可靠性数据的可追溯性。⑤有价性。首先可靠性数据的收集花费了大量财力和物力,数据本身的获取是有价的;此外,经分析和处理的可靠性数据,对可靠性工作的开展与指导具有很高的价值,能够创造可观的效益。

可靠性数据收集时还需要注意以下事项:①相同产品的工作条件差异性有可能较大。如对腐蚀而言,南北差异很大,空中与海上差异很大。②现场数据收集时,注意区分产品全寿命周期的活动记录与可靠性数据。③现场数据搜集中,要详细了解数据的不完整、不连续等情况。④数据的质和量对数据统计分析结果影响很大,在费用允许的条件下,获取更多的数据是数据收集的基本要求。⑤加强对数据收集人员的专业培训和责任心教育是减少人为差错的有效途径。⑥可靠性数据的搜集需要消耗大量的时间和人力,要提前做好规划和实施计划。

2. 可靠性数据统计的目的、任务与意义

可靠性数据的统计分析就是通过收集反映系统或产品可靠性水平的数据,并依据系统的功能或可靠性模型,利用概率统计方法进行系统可靠性数量指标的定量评估。

(1)可靠性数据统计分析的目的。

1)根据可靠性试验数据,改进产品的设计、制造工艺,提高产品的固有可靠性度,并为新技术的研究、新产品的研制提供信息。

2)根据现场使用提供的数据,改进产品的维修性,使产品结构合理、维修方便,提高产品的可用度。

3)根据可靠性数据,预测系统的可靠性和维修性,开展系统的可靠性和维修性设计。

4)根据可靠性数据,进行产品的可靠性分析及参数评估。

(2)可靠性数据统计分析的任务。可靠性数据分析贯穿于产品研制、试验、生产、使用和维修的整个过程。因此,可靠性数据分析在产品的不同阶段有不同的任务。

1)在研制设计阶段,可靠性数据分析用于对所开展的各项可靠性试验的试验结果进行评估,以验证试验的有效性。如进行可靠性增长试验时,根据试验数据对参数进行评估,分析发生故障的原因,找出最薄弱的环节,提出改进方案,以使产品可靠性得到逐步增长。

2)在投入生产制造阶段前,根据可靠性试验结果,评估可靠性水平是否达到设计标准,为生产决策提供信息依据。

3)在生产制造阶段,根据验收试验的数据评估可靠性,检验生产工艺水平是否保证产品所要求的可靠性水平。

4)在投入使用的早期,注意使用现场可靠性数据的收集与分析,找出产品的早期故障及其主要原因,进行改进,加强可靠性筛选。

5)在产品使用中,定期对产品进行可靠性分析和评估,对可靠性低的产品及时进行改进,使之达到设计所要求的指标。

(3)可靠性数据统计分析的意义。随着可靠性、维修性工作的深入开展,可靠性数据分析工作越来越显示出其重要的价值。

1)在工程研制阶段,收集和分析同类产品的可靠性数据,可对新设计的产品和零部件的可靠性进行预测,这有利于方案的对比和选择,有利于可靠性设计。

2)在产品设计阶段,往往要进行各种可靠性试验,对这些试验数据的搜集和分析可为产品的改进和定型提供科学依据。

3)在生产制造阶段,定期抽取样本进行试验,可以动态反映产品的设计和制造水平。

4)在产品使用阶段,收集和分析产品的实际使用和维修数据,能够真实地反映产品的可靠性水平,对产品作出最权威的评价,并对老产品的改进和新产品的研发提供最为权威的信息。

从可靠性数据的统计分析中找出产品寿命分布的规律,是分析产品寿命和故障、预测故障发展、研究失效机理及制定维修策略的重要手段。根据收集的产品数据,使用数理统计方法得到产品的寿命分布,将其与故障发生的现象、原因进行对比,即可判断寿命分布的合理性。确定了产品的寿命分布,就可根据数理统计的基本原理,对不同产品的可靠性数据进行估计,然后再由寿命分布和可靠性参数的关系,估计可靠性设计和分析中所需的各项参数。

在研究产品可靠性时,许多可靠性参数是未知的,需要利用可靠性试验数据进行估计。在可靠性试验数据的统计分析时,需要确定产品寿命的分布规律,估计产品的可靠性指标,确认产品是否符合可靠性定量要求。由此可见,可靠性数据统计所研究的问题很多,譬如:

(1)根据可靠性数据的特点,选择适当的分布拟合检验方法,对产品寿命分布进行拟合检验,以确定产品寿命分布。寿命分布拟合问题是可靠性数据统计研究的重要内容。

(2)在已知产品寿命分布的情况下,根据可靠性数据去寻找可靠性参数(分布中的参数、各种可靠性指标等)的估计是可靠性评估问题。根据实际问题的需要,可靠性评估包括可靠性指标的点估计和区间估计。点估计是实际中经常被采用的,它能够给人们一个明确的数量概念,寻求点估计的方法很多,如极大似然估计方法(MLE 方法)、矩估计方法等。尽管点估计有许多优点,但它不能反映估计的可信程度。为了反映估计的可信程度,人们常常采用区间估计。

6.3.2 次序统计量及经验分布函数

次序统计量在数据统计中占有重要地位。下面首先给出次序统计量的定义,再讨论其分布函数。

设 $X_1,X_2,\cdots,X_n$ 是来自总体 X 的随机样本,样本的观察值为 $(x_1,x_2,\cdots,x_n)$,将其由小到大进行排序:

$$x_{(1)} \leqslant x_{(2)} \leqslant \cdots \leqslant x_{(n)}$$

定义第 k 个次序统计量 $X_{(k)}(1 \leqslant k \leqslant n)$,当样本 $(X_1,X_2,\cdots,X_n)$ 的观测值为 $(x_1,$

$x_2,\cdots,x_n$)时,$X_{(k)}$ 的取值为 $x_{(k)}$,$X_{(1)}$,$X_{(2)}$,$\cdots$,$X_{(n)}$ 为样本 X_1,X_2,$\cdots$,X_n 的次序统计量。其中 $X_{(1)}$ 为最小次序统计量,$X_{(n)}$ 为最大次序统计量。

定理 1:设 X_1,X_2,$\cdots$,X_n 是来自总体 X 的样本容量为 n 的随机样本,总体的分布函数为 $F(x)$,密度函数为 $f(x)$,则有以下结论:

(1)次序统计量 $X_{(1)}$,$X_{(2)}$,$\cdots$,$X_{(n)}$ 的联合密度函数为

$$f_{(1)(2)\cdots(n)}(\boldsymbol{x}) = n! \prod_{i=1}^{n} f(x_i), x_1 \leqslant x_2 \leqslant \cdots \leqslant x_n \tag{6.16}$$

(2)第 k 个次序统计量 $X_{(k)}(1 \leqslant k \leqslant n)$ 的密度函数为

$$f_{(k)}(x) = n \binom{n-1}{k-1} \left[F(x) \right]^{k-1} \left[1 - F(x) \right]^{n-k} f(x) \tag{6.17}$$

则最小次序统计量与最大次序统计量的密度函数分别为

$$f_{(1)}(x) = n \left[1 - F(x) \right]^{n-1} f(x) \tag{6.18}$$

$$f_{(n)}(x) = n \left[F(x) \right]^{n-1} f(x) \tag{6.19}$$

格里汶科(Glivenko)在 1933 年证明:对于任一实数 x,当样本容量 $n \rightarrow +\infty$ 时,经验分布函数 $F_n(x)$ 以概率 1 一致收敛于总体分布函数 $F(x)$,即

$$P\left\{ \lim_{n \to \infty} \sup_{-\infty < x < +\infty} \mid F_n(x) - F(x) \mid = 0 \right\} = 1 \tag{6.20}$$

因此,对于任一实数 x,当样本容量 n 充分大时,经验分布函数的任一观察值 $F_n(x)$ 与总体分布函数 $F(x)$ 只有微小差别,从而在实际中将其当作 $F(x)$ 来使用。

经验分布函数的定义:设 X_1,X_2,$\cdots$,X_n 是来自总体 X 的一个随机样本,用 $S(x)$ 表示 X_1,X_2,$\cdots$,X_n 中不大于实数 $x(-\infty < x < +\infty)$ 的随机变量个数,则经验分布函数 $F_n(x)$ 为

$$F_n(x) = \frac{1}{n} S(x), -\infty < x < +\infty \tag{6.21}$$

对于给定的样本观察值(x_1,x_2,$\cdots$,x_n),可以确定经验分布函数 $F_n(x)$ 的观察值。先将样本观察值由小到大进行排序 $x_{(1)} \leqslant x_{(2)} \leqslant \cdots \leqslant x_{(n)}$,则经验分布函数的观察值为

$$F_n(x) = \begin{cases} 0 & x < x_{(1)} \\ \vdots & \vdots \\ \dfrac{k}{n}, & x_{(k)} \leqslant x < x_{(k+1)} \\ \vdots & \vdots \\ 1, & x \geqslant x_{(n)} \end{cases} \tag{6.22}$$

对于不同的样本观察值,得到的经验分布函数的观察值也不相同,不过当样本容量 n 足够大时,经验分布函数 $F_n(x)$ 是总体分布函数 $F(x)$ 的一个良好近似。

6.3.3 分布的拟合优度检验

分布的检验是通过产品可靠性寿命试验或现场使用等获得的可靠性数据,来推断产品的寿命分布是否服从初步整理分析所选定的分布,推断的依据是拟合优度检验。拟合优度检验是观测值的分布与先验的或拟合观测值的理论分布之间符合程度的度量。

对于来自总体的一个随机样本,可以通过简单的直方图等整理分析,初步判断样本数据服从某一分布。但是该样本分布与总体分布之间是有差异的,其差异来自于两个方面:①假设的分布不正确,它不是总体的分布,这时两者的差异较大;②假设的分布与总体分布符合,但因为抽样的随机性会引起偏差(称为随机误差),所以可以确定一个偏差的界限,若由样本计算出的偏差大于此界限,则不能认为假设分布与总体分布符合;若偏差小于此界限,则认为二者符合,原假设分布是正确的。判断的依据为"小概率事件在一次试验当中几乎不可能发生"的实际推断原则。

拟合优度检验的一般步骤如下:

(1)提出假设 H_0,即所要检验的假设 H_0 的内容;

(2)引进统计量,根据 H_0 的内容选取合适的统计量;

(3)确定统计量的精确分布或渐近分布;

(4)根据样本观测值计算出统计量的观测值 d;

(5)确定适当的显著性水平 α(一般取为 $0.10, 0.05, 0.01$ 等),求得偏差 D 的临界值 d_0,使得

$$P(D \geqslant d_0) = \alpha$$

(6)比较 d 和 d_0,当 $d > d_0$ 时,拒绝假设 H_0;当 $d \leqslant d_0$ 时,接受假设 H_0。

对于分布的拟合优度检验,皮尔逊 χ^2 检验和 K - S 检验是常用的检验方法。

1. 皮尔逊 χ^2 检验

皮尔逊 χ^2 检验是在总体 X 的分布未知时,根据来自总体的样本,检验关于总体分布的假设的一种检验方法。

首先,设总体 X 的分布函数为 $F(x)$,根据来自总体的样本检验原假设,即

$$H_0 : F(x) = F_0(x)$$

然后,根据样本的经验分布与假设的理论分布之间的符合程度,来决定是否接受原假设。

皮尔逊 χ^2 检验的基本原理与步骤如下:

(1)将总体 X 的取值范围分成 k 个互不重叠的区间,记为 $A_1, A_2, \cdots, A_k$,其中

$$A_1 = (a_0, a_1], A_2 = (a_1, a_2], \cdots, A_k = (a_{k-1}, a_k], -\infty < a_0 < a_1 < \cdots < a_{k-1} < a_k < +\infty$$

(2)把落入第 i 个小区间 A_i 的样本个数记为 n_i,称为实测频数,所有实测频数之和等于样本容量 n。

(3)用 p_i 表示总体 X 的值落入每个区间 A_i 的概率,$0 < p_i < 1 (i = 1, 2, \cdots, k)$,则

$$p_i = P(a_{i-1} < X \leqslant a_i) = F_0(a_i) - F_0(a_{i-1}), i = 1, 2, \cdots, k$$

则 np_i 就是落入 A_i 的样本的理论频数。

(4)选用统计量 χ^2 作为经验分布和假设理论分布之间的差异度量,来检验 H_0 是否成立。

$$\chi^2 = \sum_{i=1}^{k} \frac{(n_i - np_i)^2}{np_i} \tag{6.23}$$

根据 Pearson 定理:不论 $F_0(x)$ 是何种分布函数,当 n 充分大($n \geqslant 50$)时,当假设 H_0 成立时,上述统计量 χ^2 都近似服从自由度为 $(k-m-1)$ 的 χ^2 分布,其中 m 是 $F_0(x)$ 中未知

参数的个数。

(5)对于给定的显著性水平 α，查 χ^2 分布表(见附录 B.2)得出临界值 $\chi^2_\alpha(k-m-1)$，使得

$$P(\chi^2 \geqslant \chi^2_\alpha(k-m-1))=\alpha \qquad (6.24)$$

(6)根据样本观测值计算出 χ^2 统计量的值，并比较

1)当 $\chi^2 > \chi^2_\alpha(k-m-1)$ 时，拒绝假设 H_0；

2)当 $\chi^2 \leqslant \chi^2_\alpha(k-m-1)$ 时，接受假设 H_0。

皮尔逊 χ^2 检验方法使用范围非常广泛，不论总体是离散型变量，还是连续性变量；总体分布参数可以是已知的，也可以是未知的；可以用于完全样本，也可以用于截尾样本或分组数据。在使用该检验方法时，需要注意以下几点：

(1)要求样本容量 n 必须足够大，一般 $n \geqslant 50$；

(2)皮尔逊 χ^2 检验方法是一种非参数检验，若分布函数 $F_0(x)$ 中含有 m 个未知参数，则需先用极大似然估计法求出未知参数的估计值，再进行检验；

(3)理论频数 np_i 不能太小，应有 $np_i \geqslant 5$，否则应将相邻的小区间进行合并。

【例 6-1】 将 250 个元件进行加速寿命试验，每隔 100 h 检验一次，记录失效产品的个数，直至全部失效为止。不同时间内失效产品个数列于表 6-2。试问这批产品是否服从指数分布 $F_0(t)=1-e^{-t/300}$？

表 6-2 某元件加速寿命试验数据表

时间区间/h	失效数	时间区间/h	失效数	时间区间/h	失效数
0~100	39	400~500	25	700~800	6
100~200	58	500~600	22	800~900	6
200~300	47	600~700	12	900~1 000	2
300~400	33				

解：原假设

$$H_0 : F(t)=1-e^{-t/300}$$

对数据进行分组，每组中观测值不少于 5 个(因此最后两测试区间合并)，并计算对应的概率值 $p_i(i=1,2,\cdots,9)$：

$$p_1=F_0(100)=1-e^{-100/300}=0.283\ 5$$
$$p_2=F_0(200)-F_0(100)=e^{-100/300}-e^{-200/300}=0.203\ 1$$
$$\cdots\cdots$$

数据汇总见表 6-3。

表 6-3 拟合优度检验的计算

组 号	时间区间/h	n_i	p_i	np_i	n_i-np_i	$(n_i-np_i)^2$	$\dfrac{(n_i-np_i)^2}{np_i}$
1	0~100	39	0.283 5	70.88	-31.88	1 016.33	14.34

组　号	时间区间/h	n_i	p_i	np_i	n_i-np_i	$(n_i-np_i)^2$	$\dfrac{(n_i-np_i)^2}{np_i}$
2	100～200	58	0.203 1	50.78	7.22	52.13	1.03
3	200～300	47	0.145 5	36.38	10.62	112.78	3.10
4	300～400	33	0.104 3	26.08	6.92	47.89	1.84
5	400～500	25	0.074 7	18.68	6.32	39.94	2.14
6	500～600	22	0.052 3	13.40	8.6	73.96	5.52
7	600～700	12	0.038 3	9.58	2.42	5.86	0.61
8	700～800	6	0.027 5	6.88	−0.88	0.77	0.11
9	800～1 000	8	0.069 5	17.38	−9.38	87.98	5.06

计算统计量 χ^2 的观测值为

$$\hat{\chi}^2=\sum_{i=1}^{9}\frac{(n_i-np_i)^2}{np_i}=33.74$$

取显著性水平 $\alpha=0.01$，查 χ^2 分布表得出临界值 $\chi_\alpha^2(9-1)=\chi_{0.01}^2(8)=20.090$，由于 $\hat{\chi}^2>\chi_{0.01}^2(8)$，所以拒绝假设 H_0，即不认为这批产品的寿命服从指数分布 $F_0(t)=1-\mathrm{e}^{-t/300}$。

2. K-S 检验

K-S 检验是 Kolmogorov-Smirnov 检验(柯尔莫哥洛夫-斯夫尔诺夫检验)的简写，是一种常用的拟合优度检验方法，用于检验所获得的样本数据是否来自具有某一理论分布的总体。K-S 检验的能力要比皮尔逊 χ^2 检验更强，尤其对于特别小样本容量的数据，χ^2 检验不能应用，但 K-S 检验不受限制；但要求所假设的总体的理论分布是连续型分布且不含任何未知参数。

K-S 检验的基本原理和步骤如下：

(1)设总体 X 的分布函数为 $F(x)$，$X_1,X_2,\cdots,X_n$ 是来自总体 X 的随机样本，按照样本观测值由小到大进行排序为 $x_{(1)}\leqslant x_{(2)}\leqslant\cdots\leqslant x_{(n)}$。

(2)得到经验分布函数 $F_n(x)$，即

$$F_n(x)=\begin{cases}0, & x<x_{(1)}\\ \vdots & \vdots\\ \dfrac{k}{n}, & x_{(k)}\leqslant x<x_{(k+1)}\\ \vdots & \vdots\\ 1, & x\geqslant x_{(n)}\end{cases}$$

(3)提出原假设 $H_0:F(x)=F_0(x)$，其中 $F_0(x)$ 为给定的连续分布函数。

(4)提出检验统计量 $D_n=\sup\limits_{-\infty<x<+\infty}|F_n(x)-F(x)|$，当假设 H_0 成立时，对于给定的

n,可以得到 D_n 的精确分布和 $n \to +\infty$ 的极限分布。

(5)在计算统计量 D_n 时,先求出 $\delta_i = \max\{|F_0(x_{(i)}) - (i-1)/n|, |F_0(x_{(i)}) - i/n|\}$,再从 $\delta_1, \delta_2, \cdots, \delta_n$ 中选出最大的一个便是 D_n。

(6)对于给定的显著性水平 α 和样本容量 n,查 D_n 的极限分布表(见附录 B.3)得出临界值 D_n^α。当 $D_n \leq D_n^\alpha$ 时,接受假设 H_0;否则拒绝假设 H_0。

【例 6-2】 从连续总体中抽取容量为 20 的样本,样本观测值见表 6-4,在显著性水平 $\alpha = 0.05$ 下,检验其是否服从均值 $\mu = 30$、方差 $\sigma^2 = 100$ 的正态分布。

表 6-4 样本的观测值

39	67	42	43	26	29	48	53	21	37
15	40	34	23	45	30	49	32	58	19

解:将样本观测值从小到大排列(列于表 6-5 的第二列),即

$$x_{(1)} \leq x_{(2)} \leq \cdots \leq x_{(20)}$$

得到经验分布函数 $F_n(x)$ 的观察值(列于表 6-5 的第三列),即

$$F_n(x) = \begin{cases} 0, & x < 15 \\ 0.05, & 15 \leq x < 19 \\ 0.10, & 19 \leq x < 21 \\ \vdots & \vdots \\ 1, & x \geq 67 \end{cases}$$

假设 $F_0(x)$ 为 $N(30, 10^2)$,$F(x)$ 为总体 X 的分布函数,则原假设为

$$H_0 : F(x) = F_0(x)$$

利用标准正态分布表计算 $F_0(x) = \Phi((x-30)/10)$ 并将结果列于表 6-5 的第四列。

计算 $F_n(x)$ 与 $F_0(x)$ 的差 $d_{i1} = |F_0(x_{(i)}) - F_n(x_{(i-1)})|$,$d_{i2} = |F_0(x_{(i)}) - F_n(x_{(i)})|$,列于表 6-5 的第五列。

表 6-5 K-S 检验的计算

序 号	$x_{(i)}$	$F_n(x_{(i)})$	$F_0(x_{(i)})$	d_{i1}	d_{i2}	δ_i
1	15	0.05	0.067	0.067	0.017	0.067
2	19	0.10	0.136	0.086	0.036	0.086
3	21	0.15	0.185	0.085	0.035	0.085
4	23	0.20	0.242	0.092	0.042	0.092
5	26	0.25	0.345	0.145	0.095	0.145
6	29	0.30	0.461	0.211	0.161	0.211
7	30	0.35	0.500	0.200	0.150	0.200
8	32	0.40	0.579	0.229	0.179	0.229
9	34	0.45	0.622	0.222	0.172	0.222
10	37	0.50	0.758	0.308	0.258	0.308

序　号	$x_{(i)}$	$F_n(x_{(i)})$	$F_0(x_{(i)})$	d_{i1}	d_{i2}	δ_i
11	39	0.55	0.815	0.315	0.265	0.315
12	40	0.60	0.841	0.291	0.241	0.291
13	42	0.65	0.884	0.284	0.234	0.284
14	43	0.70	0.903	0.253	0.203	0.253
15	45	0.75	0.933	0.233	0.183	0.233
16	48	0.80	0.964	0.214	0.164	0.214
17	49	0.85	0.971	0.171	0.121	0.171
18	53	0.90	0.989	0.139	0.089	0.139
19	58	0.95	0.997	0.097	0.047	0.097
20	67	1	0.999	0.049	0.001	0.049

从而得出 $D_n=\max(\delta_1,\delta_2,\cdots,\delta_{20})=0.315$。

由显著性水平 $\alpha=0.05$ 下，查 D_n 的极限分布表，得到临界值 $D_{20}^{0.05}=0.294\,03$。因为 $D_n=0.315>0.294\,03$，故拒绝假设 H_0，即可以认为样本不是服从正态分布 $N(30,10^2)$ 的。

6.3.4　参数的点估计

当总体分布函数中有一个或多个参数未知时，借助于总体的随机样本来估计未知参数的取值问题就是参数的点估计问题。

点估计问题的一般提法如下：设总体 X 的分布参数中含有待估参数 θ，$X_1,X_2,\cdots,X_n$ 是来自总体 X 的随机样本，样本的观察值为 $(x_1,x_2,\cdots,x_n)$。点估计问题就是要构造一个适当的统计量 $\hat\theta(X_1,X_2,\cdots,X_n)$，用它

点估计方法

的观察值 $\hat\theta(x_1,x_2,\cdots,x_n)$ 作为未知参数 θ 的近似值，称 $\hat\theta(X_1,X_2,\cdots,X_n)$ 为 θ 的估计量，称 $\hat\theta(x_1,x_2,\cdots,x_n)$ 为 θ 的估计值。

常用的构造估计量的方法有矩估计和极大似然估计。

1. 矩估计

基于样本矩 $A_l=\dfrac{1}{n}\sum_{i=1}^{n}X_i^l(l=1,2,\cdots,k)$ 依概率收敛于相应的总体矩 $\mu_l(l=1,2,\cdots,k)$，样本矩的连续函数依概率收敛于相应总体矩的连续函数，用样本矩作为总体矩的估计量，用样本矩的连续函数作为总体矩的连续函数的估计量，这种估计方法称为矩估计方法。

总体 X 的密度函数或分布律中包含 k 个待估参数 $(\theta_1,\theta_2,\cdots,\theta_k)$，待估参数的矩估计方法的具体步骤如下：

（1）计算总体 X 的 l 阶矩：

$$E(X^l) = \int_{-\infty}^{+\infty} X^l f(x;\theta_1,\theta_2,\cdots,\theta_k)\mathrm{d}x = \mu_l(\theta_1,\theta_2,\cdots,\theta_k), l=1,2,\cdots,k \quad (6.25)$$

（2）用样本矩估计总体矩，用 $\hat{\theta}_i$ 作为 $\theta_i(i=1,2,\cdots,k)$ 的估计：

$$A_l = \frac{1}{n}\sum_{i=1}^{n} X_i^l = \mu_l(\hat{\theta}_1,\hat{\theta}_2,\cdots,\hat{\theta}_k), l=1,2,\cdots,k \quad (6.26)$$

（3）解上述方程组，得到参数 $\theta_i(i=1,2,\cdots,k)$ 的矩估计量：

$$\hat{\theta}_i = \hat{\theta}_i(X_1,X_2,\cdots,X_n), i=1,2,\cdots,k \quad (6.27)$$

（4）代入样本观测值，得到参数 $\theta_i(i=1,2,\cdots,k)$ 的矩估计值：

$$\hat{\theta}_i = \hat{\theta}_i(x_1,x_2,\cdots,x_n), i=1,2,\cdots,k$$

2．极大似然估计

在实际中当总体分布已知时，通常采用极大似然法估计总体分布中的未知参数。极大似然估计（Maximum Likelihood Estimation，MLE）的思想：试验中概率最大的事件最有可能出现。

总体 X 的随机样本 $(X_1,X_2,\cdots,X_n)$ 取其观测值 $(x_1,x_2,\cdots,x_n)$ 的概率（称为样本的似然函数）为

$$L(\theta) = P(X_1=x_1,X_2=x_2,\cdots,X_n=x_n) = \prod_{i=1}^{n} P(X_i=x_i) = \prod_{i=1}^{n} p(x_i;\theta) \quad （离散型$$
总体）

$$L(\theta) = \prod_{i=1}^{n} f(x_i;\theta)\mathrm{d}x_i \left[连续型总体（因 \mathrm{d}x_i 不随\theta 变化，故令 L(\theta)=\prod_{i=1}^{n} f(x_i;\theta)）\right]$$

在 θ 取值的可能范围 Θ 内，求得使得似然函数 $L(\theta)=L(x_1,x_2,\cdots,x_n;\theta)$ 最大的参数值 $\hat{\theta}$ 作为参数 θ 的极大似然估计值，即

$$L(x_1,x_2,\cdots,x_n;\hat{\theta}) = \max_{\theta\in\Theta} L(x_1,x_2,\cdots,x_n;\theta) \quad (6.28)$$

这样，极大似然估计问题最后归结为微分学中的极值问题。当似然函数关于 θ 可微时，$\hat{\theta}$ 可由似然方程

$$\frac{\mathrm{d}}{\mathrm{d}\theta}L(\theta)=0 \quad (6.29)$$

求解。又因为似然函数 $L(\theta)$ 与对数似然函数 $\ln L(\theta)$ 在同一 θ 处取到极值，所以 $\hat{\theta}$ 亦可由对数似然方程

$$\frac{\mathrm{d}}{\mathrm{d}\theta}\ln L(\theta)=0 \quad (6.30)$$

求解。

极大似然估计具有很多优良的性质，如：

（1）不变性。如果 $\hat{\theta}$ 是 θ 的极大似然估计，$g(\theta)$ 是 θ 的严格单调函数，那么 $g(\hat{\theta})$ 是 $g(\theta)$

的极大似然估计。

(2)相合性。在一般条件下,当样本容量 $n \to +\infty$ 时,似然方程的解以概率 1 收敛于 θ 的真值。

(3)渐近正态性。在一定的正则条件下,极大似然估计具有渐近正态性,且是渐近有效估计,其渐近方差为 $[\mathbf{I}(\theta)]^{-1}$,其中 $\mathbf{I}(\theta)$ 为费希尔 Fisher 信息量,$I_{ij} = -E\left[\dfrac{\partial^2 \ln L(X,\theta)}{\partial \theta_i \partial \theta_j}\right], i,j = 1,2,\cdots,k$。

【例 6-3】　指数分布 $(n, t_0, \text{无})$ 寿命试验的参数估计。

对于无替换定时截尾寿命试验,到规定的试验时间 t_0 时 n 个样本中有 r(r 是随机的)个失效,它们的失效时间为 $t_1 \leqslant t_2 \leqslant \cdots \leqslant t_r$,则这 n 个样本总的试验时间为

$$t_\Sigma = \sum_{i=1}^{r} t_i + (n-r)t_0$$

寿命服从指数分布,参数 λ(失效率)未知,根据试验数据可知,其对数似然函数为

$$\ln L(t_1, t_2, \cdots, t_r; \lambda) = r \ln \lambda - \lambda t_\Sigma$$

其对数似然方程为

$$\frac{\mathrm{d} \ln L(t_1, t_2, \cdots, t_r; \lambda)}{\mathrm{d} \lambda} = \frac{r}{\lambda} - t_\Sigma = 0$$

从而可得,失效率 λ 的极大似然估计值为

$$\hat{\lambda} = \frac{r}{t_\Sigma} = \frac{r}{\displaystyle\sum_{i=1}^{r} t_i + (n-r)t_0}$$

则平均寿命的估计值为

$$\hat{\theta} = \frac{1}{\hat{\lambda}} = \frac{\displaystyle\sum_{i=1}^{r} t_i + (n-r)t_0}{r}$$

【例 6-4】　指数分布 $(n, r, \text{无})$ 寿命试验的参数估计。

对于无替换定数截尾寿命试验,若到规定的失效个数 r 时就停止试验,它们的失效时间为 $t_1 \leqslant t_2 \leqslant \cdots \leqslant t_r$,剩下的 $(n-r)$ 个样本未失效,则这 n 个样本总的试验时间为

$$t_\Sigma = \sum_{i=1}^{r} t_i + (n-r)t_r$$

同理可得,指数分布 $(n, r, \text{无})$ 寿命试验的失效率的极大似然估计值为

$$\hat{\lambda} = \frac{r}{t_\Sigma} = \frac{r}{\displaystyle\sum_{i=1}^{r} t_i + (n-r)t_r}$$

则平均寿命的估计值为

$$\hat{\theta} = \frac{1}{\hat{\lambda}} = \frac{\displaystyle\sum_{i=1}^{r} t_i + (n-r)t_r}{r}$$

6.3.5 参数的区间估计

点估计方法不能给出待估参数的估计值与其真值之间的误差大小。由于抽样的随机性,无法获得估计值的精确度,所以要获得估计值的精确程度(亦即真值所在范围),就要采用区间估计方法和置信区间的概念。

设总体 X 的分布参数中含有待估参数 $\theta,\theta\in\Theta(\Theta$ 是 θ 可能取值范围),对于给定值 $\alpha(0<\alpha<1)$,若由总体的样本 $X_1,X_2,\cdots,X_n$ 确定两个统计量 $\bar{\theta}=\bar{\theta}(X_1,X_2,\cdots,X_n)$ 和 $\underline{\theta}=\underline{\theta}(X_1,X_2,\cdots,X_n)(\underline{\theta}<\bar{\theta})$,对于任意的 $\theta\in\Theta$ 满足

$$P(\underline{\theta}(X_1,X_2,\cdots,X_n)<\theta\leqslant\bar{\theta}(X_1,X_2,\cdots,X_n))\geqslant 1-\alpha \qquad (6.31)$$

则称随机区间 $(\underline{\theta},\bar{\theta})$ 是 θ 的置信水平为 $(1-\alpha)$ 的置信区间。$\underline{\theta}$ 和 $\bar{\theta}$ 分别为参数 θ 的置信水平为 $(1-\alpha)$ 的置信下限和置信上限,$(1-\alpha)$ 为置信水平。

式(6.31)的含义如下:若反复抽样多次(各次得到的样本的容量相同,均为 n),每组样本观察值确定一个区间 $(\underline{\theta},\bar{\theta})$,每个这样的区间要么包含 θ 的真值,要么不包含 θ 的真值,按照伯努利大数定理可知,在这么多个区间中,包含 θ 真值的约占 $100(1-\alpha)\%$,不包含 θ 真值的约占 $100\alpha\%$。

在实际工程中,人们有时只关心参数 θ 的单侧置信限。比如:对于产品的失效率,关心其置信上限;对于产品的平均寿命,关心其置信下限。如果统计量 $\underline{\theta}=\underline{\theta}(X_1,X_2,\cdots,X_n)$ 满足

$$P(\theta\geqslant\underline{\theta}(X_1,X_2,\cdots,X_n))\geqslant 1-\alpha \qquad (6.32)$$

则称 $\underline{\theta}$ 为参数 θ 的置信水平为 $(1-\alpha)$ 的置信下限。

如果统计量 $\bar{\theta}=\bar{\theta}(X_1,X_2,\cdots,X_n)$ 满足

$$P(\theta<\bar{\theta}(X_1,X_2,\cdots,X_n))\geqslant 1-\alpha \qquad (6.33)$$

则称 $\bar{\theta}$ 为参数 θ 的置信水平为 $(1-\alpha)$ 的置信上限。

求解置信区间的方法有很多,如枢轴量法、统计量法、大样本法等。

1. 枢轴量法

利用枢轴量法求参数置信区间的基本步骤如下:

(1)利用样本 $X_1,X_2,\cdots,X_n$ 和未知参数 θ 构造函数 $W=W(X_1,X_2,\cdots,X_n,\theta)$,$W$ 的分布不依赖于 θ 和其他未知参数,称具有这种性质的函数 W 为枢轴量。

(2)对给定的 $\alpha(0<\alpha<1)$,选取两个常数 c 和 $d(c<d)$,使得

$$P(c<W(X_1,X_2,\cdots,X_n,\theta)<d)=1-\alpha$$

(3)得到与不等式 $c<W(X_1,X_2,\cdots,X_n,\theta)<d$ 等价的 $\underline{\theta}<\theta<\bar{\theta}$,那么 $(\underline{\theta},\bar{\theta})$ 就是 θ 的置信水平为 $(1-\alpha)$ 的置信区间。

显然,利用枢轴量法寻求参数置信区间的关键是构造合适的枢轴量。当因选取的枢轴量不同而造成参数具有不同的置信区间时,可以通过置信区间长度等标准进行置信区间的优劣评价。

【例 6-5】 设总体 $X\sim N(\mu,\sigma^2)$,参数 μ,σ^2 均未知,已知 $X_1,X_2,\cdots,X_n$ 是来自总体的随机样本,求 μ,σ^2 的置信水平为 $(1-\alpha)$ 的置信区间。

解: 已知样本均值 $\bar{X}=\dfrac{1}{n}\sum\limits_{i=1}^{n}X_i$ 和样本方差 $S^2=\dfrac{1}{n-1}\sum\limits_{i=1}^{n}(X_i-\bar{X})^2$,$\bar{X}$ 与 S^2 相互独立,且

$$\frac{\bar{X}-\mu}{S/\sqrt{n}}\sim t(n-1),\frac{(n-1)S^2}{\sigma^2}\sim\chi^2(n-1)$$

因此,$\dfrac{\bar{X}-\mu}{S/\sqrt{n}}$ 和 $\dfrac{(n-1)S^2}{\sigma^2}$ 可以分别作为参数 μ 和 σ^2 的枢轴量。

由 $P\left(t_{1-\alpha/2}(n-1)<\dfrac{\bar{X}-\mu}{S/\sqrt{n}}\leqslant t_{\alpha/2}(n-1)\right)=1-\alpha$ 得到参数 μ 的置信水平为 $(1-\alpha)$ 的置信区间为 $\left[\bar{X}-\dfrac{S}{\sqrt{n}}t_{1-\alpha/2}(n-1),\bar{X}+\dfrac{S}{\sqrt{n}}t_{\alpha/2}(n-1)\right]$。

由 $P\left(\chi^2_{1-\alpha/2}(n-1)<\dfrac{(n-1)S^2}{\sigma^2}\leqslant\chi^2_{\alpha/2}(n-1)\right)=1-\alpha$ 得到参数 σ^2 的置信水平为 $(1-\alpha)$ 的置信区间为 $\left[\dfrac{(n-1)S^2}{\chi^2_{\alpha/2}(n-1)},\dfrac{(n-1)S^2}{\chi^2_{1-\alpha/2}(n-1)}\right]$。

常见正态分布总体未知参数的估计与检验列于附录 B.5。

2. 统计量法

以参数 θ 的点估计为基础可以构造参数 θ 的置信区间。

已知参数 θ 的点估计(如极大似然估计)为 S,若 S 为连续型随机变量,其分布函数为 $F(s,\theta)=P(S\leqslant s)$,对应的密度函数为 $f(s,\theta)$,那么有如下结论:$F(s,\theta)$ 服从 $(0,1)$ 上的均匀分布,即 $F(s,\theta)\sim U(0,1)$。

那么,$F(s,\theta)$ 就可以作为枢轴量构造参数 θ 的置信区间。由此可见,利用统计量求参数 θ 的置信区间的关键在于求出 θ 点估计的分布函数。

【例 6-6】 指数分布 $(n,r,无)$ 寿命试验的参数区间估计。

设 $(n,r,无)$ 寿命试验数据,即 r 个失效产品的失效时间为 $t_1\leqslant t_2\leqslant\cdots\leqslant t_r$,失效率的极大似然估计为 $\hat{\lambda}=r/t_\Sigma$,平均寿命的极大似然估计为 $\hat{\theta}=t_\Sigma/r$,已知 $t_\Sigma=\sum\limits_{i=1}^{r}t_i+(n-r)t_r\sim\Gamma(r,\lambda)$,即

$$f(x,\theta)=\frac{\lambda^r}{\Gamma(r)}x^{r-1}e^{-\lambda x}\quad(x>0)$$

$$F(x,\theta)=\int_0^x f(x,\lambda)\mathrm{d}x=\frac{(1/2)^r}{\Gamma(r)}\int_0^{2\lambda x}x^{r-1}e^{-\frac{x}{2}}\mathrm{d}x\quad(x>0)$$

根据 Γ 分布的性质及极大似然估计,可知 $2t_\Sigma/\theta \sim \chi^2(2r)$。由分位数的意义(见图 6 - 10)可知

$$P\left(\chi^2_{1-\alpha/2}(2r) < \frac{2t_\Sigma}{\theta} \leqslant \chi^2_{\alpha/2}(2r)\right) = 1-\alpha$$

图 6 - 10 χ^2 分布的分位点

从而得出平均寿命 θ 的置信水平为 $(1-\alpha)$ 的置信区间为 $\left[\dfrac{2t_\Sigma}{\chi^2_{\alpha/2}(2r)}, \dfrac{2t_\Sigma}{\chi^2_{1-\alpha/2}(2r)}\right]$,平均寿命 θ 的置信水平为 $(1-\alpha)$ 的单侧置信下限为 $\dfrac{2t_\Sigma}{\chi^2_\alpha(2r)}$。同理可获得失效率 λ 的置信水平为 $(1-\alpha)$ 的置信区间为 $\left[\dfrac{\chi^2_{1-\alpha/2}(2r)}{2t_\Sigma}, \dfrac{\chi^2_{\alpha/2}(2r)}{2t_\Sigma}\right]$,失效率 λ 的置信水平为 $(1-\alpha)$ 的单侧置信上限为 $\dfrac{\chi^2_\alpha(2r)}{2t_\Sigma}$。

【例 6 - 7】 设产品寿命服从指数分布,随机抽取 9 个产品进行无替换定数截尾寿命试验,失效数 $r=7$,所得失效数据为(单位:h)

$$150,450,500,530,600,650,700$$

试求失效率和平均寿命的单侧置信限($\alpha=0.1$)。

解:这里 $n=9,r=7,t_r=700$,可算得总试验时间 $t_\Sigma = \sum_{i=1}^{r} t_i + (n-r)t_r = 4\,980$ h。根据置信水平为 $(1-\alpha)=0.9$,可查表得出 $\chi^2_\alpha(2r) = \chi^2_{0.01}(14) = 21.064$。

代入点估计和置信区间计算公式可得

$$\hat{\lambda} = 0.001\,4/\text{h}, \hat{\theta} = 711.43 \text{ h}$$

失效率 λ 的置信上限为 0.002 1/h,平均寿命 θ 的置信下限为 472.84 h。

对于 $(n, t_0, 无)$ 试验,由于总试验时间 $t_\Sigma = \sum_{i=1}^{r} t_i + (n-r)t_0$ 的分布很难导出,所以只能用近似的方法得出未知参数的置信区间上、下限,用自由度为 $(2r+2)$ 的 χ^2 进行替换,即平均寿命 θ 的置信水平为 $(1-\alpha)$ 的双侧置信区间为 $\left[\dfrac{2t_\Sigma}{\chi^2_{\alpha/2}(2r+2)}, \dfrac{2t_\Sigma}{\chi^2_{1-\alpha/2}(2r+2)}\right]$,单侧置信下限为 $\dfrac{2t_\Sigma}{\chi^2_\alpha(2r+2)}$。

【例 6-8】 设产品寿命服从指数分布,随机抽取 20 个产品进行无替换定时截尾寿命试验,截尾时间 $t_0 = 500$ h,在 500 h 内没有产品发生失效,能否确定产品平均寿命 θ 的置信下限($\alpha = 0.1$)。

解: 在定时截尾寿命试验场合,由于事先预先不足,所以没有失效产品出现是会发生的。此时寻求平均寿命或可靠度的点估计十分困难,可以求解给定置信水平下的置信下限。

总试验时间 $t_\Sigma = nt_0 = 20 \times 500 = 10\,000$(h)。根据置信水平为 $(1-\alpha) = 0.9$,可查附录 B.2 得出 $\chi_\alpha^2(2r+2) = \chi_{0.01}^2(2) = 4.605$。代入平均寿命 θ 的置信下限计算公式 $\dfrac{2t_\Sigma}{\chi_\alpha^2(2r+2)}$,可得平均寿命 θ 的置信水平为 $(1-\alpha)$ 的单侧置信下限为 4 343.11 h。

3. 大样本法

设参数 θ 的点估计 $\hat{\theta}$ 具有渐近正态性,即 $\hat{\theta}_n \sim AN\left(\theta, \dfrac{1}{n}\sigma^2(\theta)\right)$,则

$$\frac{\sqrt{n}\,(\hat{\theta}_n - \theta)}{\sigma(\theta)} \sim AN(0,1)$$

当样本容量较大时,有

$$P\left\{-u_{\alpha/2} < \frac{\sqrt{n}\,(\hat{\theta}_n - \theta)}{\sigma(\theta)} < u_{\alpha/2}\right\} = 1-\alpha$$

其中,$u_{\alpha/2}$ 是标准正态分布的上分位点(见附录 B.1)。将上式中的渐近方差中的未知参数用点估计替代,就可以得到参数 θ 的置信水平为 $(1-\alpha)$ 的置信区间为

$$\left[\hat{\theta}_n - \frac{\sigma(\hat{\theta}_n)}{\sqrt{n}}u_{\alpha/2}, \hat{\theta}_n + \frac{\sigma(\hat{\theta}_n)}{\sqrt{n}}u_{\alpha/2}\right]$$

6.3.6　参数的 Bayes 估计

前文介绍的估计方法和检验方法是基于经典统计理论的,被统称为经典统计方法。经典统计方法具有很多优良的统计性质,但也存在不足,如难以利用各种经验信息等。实际上,在处理可靠性试验数据时,试验的背景信息(如试验环境、试验方式等)有助于统计模型和统计方法的选择,还可以判断统计结果的合理性,这些信息被称为先验信息。Bayes 方法将先验信息作为统计分析的重要信息来源,综合考虑当前可靠性试验数据,得出的估计和检验将更加客观合理。

Bayes 估计

1. Bayes 理论

设总体的样本 $\boldsymbol{X} = (X_1, X_2, \cdots, X_n)$,其联合密度函数为 $f(\boldsymbol{x}, \theta) = f(x_1, x_2, \cdots, x_n, \theta)$,其中 $\theta \in \Theta$(Θ 为参数取值范围)为总体未知参数,从总体中抽样所得到的样本信息包含于联合密度函数 $f(\boldsymbol{x}, \theta)$ 中,经典统计学认为 θ 是未知常数,而 Bayes 统计学认为 θ 是随机变量,样本 $\boldsymbol{X}$ 的联合密度函数就是给定参数 θ 下的条件密度,即

$$L(\boldsymbol{x}|\theta) = f(x_1, x_2, \cdots, x_n, \theta) \tag{6.34}$$

由于 θ 是随机变量,所以令 θ 的分布函数为 $\pi(\theta)$,通常 $\pi(\theta)$ 由 θ 的先验信息来确定,称 $\pi(\theta)$ 为参数 θ 的先验分布。

综合 θ 的先验分布和抽样样本信息,可求得参数 θ 和样本的联合分布函数,即

$$h(\boldsymbol{x},\theta)=L(\boldsymbol{x}|\theta)\pi(\theta) \tag{6.35}$$

为了对未知参数 θ 进行统计推断,所采取的措施如下:

(1)当没有抽样信息时,依据先验分布对参数 θ 做出推断,即经验型统计推断。

(2)当有抽样信息时,依据参数 θ 和样本 $\boldsymbol{X}$ 的联合分布函数 $h(\boldsymbol{x},\theta)$ 对参数 θ 进行推断。

令 $m(\boldsymbol{x})=\int_{\Theta} h(\boldsymbol{x},\theta)\mathrm{d}\theta=\int_{\Theta} L(\boldsymbol{x}|\theta)\pi(\theta)\mathrm{d}\theta$ 为样本 $\boldsymbol{X}$ 的边缘密度函数,则

$$h(\boldsymbol{x},\theta)=\pi(\theta|\boldsymbol{x})m(\boldsymbol{x}) \tag{6.36}$$

其中,$\pi(\theta|\boldsymbol{x})$ 是给定样本观测值下参数 θ 的条件密度。由于 $m(\boldsymbol{x})$ 与 θ 无关,即 $m(\boldsymbol{x})$ 中不包含 θ 的任何信息,所以推断仅关注函数 $\pi(\theta|\boldsymbol{x})$,即

$$\pi(\theta|\boldsymbol{x})=\frac{L(\boldsymbol{x}|\theta)\pi(\theta)}{\int_{\Theta} L(\boldsymbol{x}|\theta)\pi(\theta)\mathrm{d}\theta} \tag{6.37}$$

式(6.37)称为 Bayes 定理,$\pi(\theta|\boldsymbol{x})$ 称为后验密度函数,它综合了 θ 的先验分布和抽样样本信息,因此基于 $\pi(\theta|\boldsymbol{x})$ 对参数 θ 进行统计推断更加有效、合理。

通俗地讲,先验分布 $\pi(\theta)$ 反映了抽样前对参数 θ 的认识,而后验分布 $\pi(\theta|\boldsymbol{x})$ 反映了抽样后对参数 θ 的重新认识,就是通过抽样样本信息对参数先验信息的调整。

2. 参数的 Bayes 估计

由于后验分布包含了先验信息和样本信息,所以对未知参数的统计推断只需以后验分布为基础。在对参数进行 Bayes 推断时,需引入损失函数和 Bayes 风险函数。

损失函数指当参数 θ 的估计与实际参数取值不同时所受到的损失,常选择的有二次方损失函数和绝对损失函数,即

$$二次方损失函数:L(\theta,a)=(a-\theta)^{2}$$
$$绝对损失函数:L(\theta,a)=|a-\theta|$$

定义损失函数为后验分布的数学期望,记为

$$R(a|\boldsymbol{x})=E_{\theta|x}[L(\theta,a)]=\int_{\Theta} L(\theta,a)\pi(\theta|\boldsymbol{x})\mathrm{d}\theta \tag{6.38}$$

后验风险 $R(a|\boldsymbol{x})$ 可以用于度量估计的好坏,后验风险应当越小越好。若对于参数 θ 的估计 δ,使得

$$R(\delta|\boldsymbol{x})=\inf_{\Theta} R(a|\boldsymbol{x}) \tag{6.39}$$

则称 δ 为参数 θ 最优估计,又称为 Bayes 估计。

定理:设参数 θ 的后验分布为 $\pi(\theta|\boldsymbol{x})$,在二次方损失函数下,参数 θ 的 Bayes 估计为

$$\hat{\theta}=E[\theta|\boldsymbol{x}]=\int_{\Theta} \theta\pi(\theta|\boldsymbol{x})\mathrm{d}\theta \tag{6.40}$$

在绝对损失函数下,参数 θ 的 Bayes 估计为

$$\hat{\theta}=m(\theta|\boldsymbol{x}) \tag{6.41}$$

其中，$m(\theta|\boldsymbol{x})$ 为后验分布 $\pi(\theta|\boldsymbol{x})$ 的中位数。

【例 6 - 9】 假设电子管的寿命服从指数分布，即 $X \sim \text{Exp}(\lambda)$，参数 λ（平均寿命 $\theta = 1/\lambda$）未知，现抽查同批次电子管 102 个，其寿命数据见表 6 - 6。求参数 θ 的估计。

表 6 - 6　102 个电子管寿命数据

86	79	85	78	78	78	95	76	75	82	78	85	81	81	83	81	73
83	82	75	80	77	81	78	82	83	79	82	84	81	87	78	74	78
77	82	74	81	78	87	81	80	90	82	84	82	83	77	84	78	75
81	81	71	87	81	83	79	80	84	79	85	78	89	77	84	80	82
81	75	88	81	79	77	77	79	86	84	73	81	80	84	74	72	
80	79	82	77	77	71	77	81	90	76	82	83	86	82	81	78	81

解： 参考的点估计及区间估计步骤可得如下结果。

矩估计：$\hat{\theta}_M = 80.470\,6$。

极大似然估计：$\hat{\theta}_{\text{MLE}} = 80.470\,6$。

置信水平为 0.95 的双侧置信区间为 $[66.881\,7, 98.690\,8]$。

Bayes 估计：

已知电子管的寿命服从指数分布，假设分布参数 λ 的先验分布为 $\Gamma(\alpha, \beta)$（其中 $\alpha = 1$，$\beta = 0.012\,4$），现新增 6 个样本寿命数据为 (71, 77, 72, 75, 74, 79)，则参数 λ 的后验分布为

$$\pi(\lambda \mid x) \propto \frac{1}{\Gamma(\alpha + 6)} \lambda^{\alpha + 6 - 1} \mathrm{e}^{-\lambda(\sum\limits_{i=1}^{6} x_i + 1/\beta)} \quad (\lambda > 0)$$

在二次方损失函数下，可得

$$\hat{\lambda}_B = E(\lambda \mid x) = \frac{\left(\sum\limits_{i=1}^{6} x_i + 1/\beta\right)^{\alpha + 6}}{\Gamma(\alpha + 6)} \int_0^{+\infty} \lambda^{\alpha + 6} \mathrm{e}^{-\lambda(\sum\limits_{i=1}^{6} x_i + \beta)} \, \mathrm{d}\lambda$$

$$= (\alpha + 6) / \left(\sum\limits_{i=1}^{6} x_i + 1/\beta\right) = 0.013\,24$$

则 $\hat{\theta}_B = 1/\hat{\lambda}_B = 75.520\,7$。

思 考 题

1. 简述工程试验与统计试验的区别。

2. 截尾寿命试验包括哪些形式的截尾试验？

3. 设某批晶体管寿命服从指数分布，从该批产品中随机抽取 10 只进行无替换的定数 $(r = 5)$ 截尾寿命试验，试验结束记录的产品失效时间分别为 35 h，85 h，150 h，230 h，300 h，求该批晶体管的失效率及平均寿命的估计值。

4. 在现场统计了 81 台机器主油泵的故障时间数据如表 6 - 7 所示，初步假设寿命分布为指数分布，显著性水平 $\alpha = 0.05$，试用皮尔逊 χ^2 检验判断假设的正确性。

表 6 - 7 主油泵故障时间表 （单位：h）

124	283	200	27	105	195	177	225	152
131	198	95	30	87	296	100	266	67
335	310	400	379	22	189	103	191	162
176	152	11	228	40	74	49	29	92
148	13	547	302	91	68	179	489	175
331	127	266	4	56	583	619	260	31
188	243	83	66	289	104	636	39	49
161	50	126	198	126	119	7	167	112
261	389	251	230	16	259	591	652	631

第7章　可靠性管理

7.1　可靠性管理概述

可靠性管理就是从系统的观点出发,通过制订和实施科学的计划,去规划、组织、协调与监督产品的研发、生产、使用各个阶段的各项可靠性活动的开展,以保证用最少的资源实现用户或产品计划所要求的产品可靠性(如MTBF、MTTF、失效率、维修度、有效度等),如图7-1所示。

可靠性管理

图7-1　可靠性管理的基本职能

可靠性管理的总目标:满足用户的可靠性要求;满足可靠性大纲中规定的要求;满足各种约束条件。产品从设计、制造到使用的全过程,实施科学的管理,对提高和保证产品的可靠性关系极大。可靠性管理是保证产品质量所采取的各项技术组织措施,是产品质量管理的重要组成部分。

可靠性管理在所有可靠性活动中处于领导和核心地位,只有通过宏观和微观的可靠性管理才能发挥出系统的整体效益。可靠性宏观管理是从全社会的角度出发,对社会各方面可靠性工作进行统筹安排,对基层单位的可靠性进行规划、协调与监督。可靠性宏观管理由政府主管部门实施,行业协会、专业学会协助进行。可靠性宏观管理包括政策法规、行政条例、国家与专业标准、管理体制、中期和长期规划、指标考核、基础研究、质量跟踪与检查、国家与行业可靠性数据收集与交换、质量认证、安全性认证、生产许可证、评审诊断、技术交流与教育培训等等。可靠性微观管理是从企业、研究单位等基层单位的角度出发,对本单位的产品可靠性进行组织、协调和保证。可靠性微观管理包括方针目标、规章制度、企业标准、组织机构、可靠性计划、指标考核、应用研究、设计与评审、质量认定与跟踪、试验监督、维修服务、全寿命周期费用分析、数据收集与应用、技术交流与教育培训等等。

可靠性管理的内容包括：①宣传贯彻上级有关可靠性的方针、政策、法规、标准、规范；②编制和实施可靠性工作的规划、计划；③组织制订和实施产品可靠性大纲；④组织开展可靠性工程应用技术的研究与推广；⑤组织制订产品可靠性管理的规章制度；⑥组织产品可靠性研发评审，对产品的可靠性进行鉴定与评价；⑦对外购器材实施可靠性监控；⑧建立故障报告、分析和纠正措施系统；⑨负责可靠性信息管理；⑩开展可靠性工程教育、培训和咨询活动。

可靠性管理需遵循的原则有：①产品研发必须提出合理可行的可靠性要求；②预防为主、早期投入；③纳入计划；④采用成熟设计；⑤软件符合软件工程要求；⑥采用有效方法和程序，控制制造过程的影响；⑦贯彻可靠性有关法规和标准；⑧严格进行可靠性评审；⑨重视和加强信息工作与故障报告；⑩合理选择工作项目。

7.1.1 可靠性管理机构的任务

可靠性管理机构一般包括可靠性技术部门、可靠性管理部门、可靠性研发部门。

1. 可靠性技术部门

企业通常设置可靠性技术部门，该部门拥有可靠性技术人才，主要任务是可靠性技术研发工作。对于订购方的可靠性技术部门，主要的任务是监督、检验或审查其他承制方单位的工作。产品研制开始，可靠性技术部门就有制订可靠性方针、计划和工作程序的任务。

可靠性技术部门的一般任务如下：

(1)负责组织制订产品可靠性工作计划。

(2)协助和指导可靠性研发。包括：分清定性和定量的可靠性要求；指出研发中应考虑的问题；编制元器件选用指南；协助研发人员进行故障分析；向研发人员提供可靠性反馈信息和建议等。

(3)负责完成定量的可靠性分析；评定不同时期产品的可靠性水平；发现潜在问题。

(4)参加研发评审，报告当前可靠性状况和存在的问题，并提出建议供讨论和决策。

(5)分析检查产品失效状况及存在的问题，提出改正措施建议。

(6)对采用的元器件及技术条件进行检查，保证所用的元器件始终合乎标准，且是可靠的。

(7)检查制造部门的质量控制计划，确保能体现可靠性要求并能从试验和失效中取得适用的数据。

(8)检查可靠性试验的计划及实施情况；协助进行试验分析和编写试验报告。

2. 可靠性管理部门

可靠性管理部门一般设在质量管理部门中，其在可靠性工作中的任务如下：

(1)编制和实施可靠性工作的规划、计划；

(2)组织制订与实施可靠性管理的制度及有关文件；

(3)组织可靠性的研发评审；

(4)负责可靠性信息管理；

(5)开展可靠性教育、培训和咨询活动。

3.可靠性研发部门

研发部门在可靠性工作中的任务如下：

(1)在可靠性技术部门的支持下，负责可靠性研发；

(2)向可靠性技术部门提供详细的研发资料，以供评审和分析；

(3)负责进行 FMECA 和故障树分析，以研发人员为主，并与可靠性技术人员密切合作；

(4)进行应力分析及性能包络分析。

7.1.2 可靠性大纲

为了保证产品的可靠性，必须对产品的研制和生产使用实施严格的管理。管理的依据是可靠性指标体系。国家军用标准《装备研制与生产的可靠性通用大纲》(GJB 450—1988)，规定了军用产品、重要工业产品的通用要求和可靠性管理，对产品的研制和生产有重要指导意义。

设备、系统的订购方(使用方)根据通用大纲向承制方(生产方)提出可靠性要求，承制方据此制定具体产品的可靠性大纲，作为研制、生产的依据。由于产品的类型、使用环境、重要程度、复杂程度不同，各类约束条件不同，对通用大纲中的各项规定要求及可靠性工作项目应进行适当的剪裁，经订购方或上级主管部门批准后最终形成具体产品的可靠性大纲。

可靠性大纲概念：为了保证产品满足规定的可靠性要求而制定工程项目可靠性工作的总体规划。可靠性大纲的性质：它是可靠性工作的方案、纲领性文件、产品质量保证的重要部分。制定产品的可靠性大纲的具体目标为：①保证产品满足规定的可靠性要求；②减少维修人力和后勤保障的要求；③提供产品的管理信息；④降低产品全寿命周期费用。

产品的可靠性大纲所包括的规划内容见表7-1。这些工作内容应纳入产品的设计、生产和试验计划，保证必须的资源、进度及管理措施，统一协调，全面实施和完成。

表 7-1 产品可靠性大纲的内容

项目编号	工作项目	类 型	研制生产阶段			
			技术指标论证阶段	方案论证及确认阶段	工程研制阶段	生产制造阶段
101	制订可靠性工作计划	可靠性管理	△	△	√	√
102	对转承制方和供应方的监督与控制	可靠性管理	△	△	√	√
103	可靠性大纲评审	可靠性管理	△	△*	√*	√*
104	建立故障报告、分析和纠正措施系统	可靠性工程	×	△	√	√
105	故障审查及组织	可靠性管理	×	△*	√	√
201	可靠性建模	可靠性工程	*	△*	√*	○*
202	可靠性指标分配	可靠性计算	△	√	√	○*

项目编号	工作项目	类 型	研制生产阶段			
			技术指标论证阶段	方案论证及确认阶段	工程研制阶段	生产制造阶段
203	可靠性预计	可靠性计算	△	△ *	√ *	○ *
204	故障模式、影响及危害性分析	可靠性工程	△	△ *	√ *	○ *
205	潜在电路分析	可靠性工程	×	×	√ *	○ *
206	电子元件和电路的容差分析	可靠性工程	×	×	√	○
207	确定元器件大纲	可靠性工程	△	△ *	√ *	√ *
208	确定可靠性关键件和重要件	可靠性管理	△ *	△ *		
209	确定功能测试、包装、贮存、装卸、运输、维修对可靠性的影响	可靠性工程	×	△ *		
301	环境应力筛选	可靠性工程	×	△	√	√
302	可靠性增长试验	可靠性工程	×	△ *	√ *	×
303	可靠性鉴定试验	可靠性工程	×	△ *	√ *	√ *
304	可靠性验收试验	可靠性计算	×	×	△	√ *

注：×—不适用；√—适用；△—根据需要选用；○—仅设计更改时适用；

  *—综合考虑费用效益或其他标准要求后确定。

  可靠性大纲必须从一开始就要与产品的维修性、安全性、人机工程、质量控制等工作综合权衡，以保证产品的综合质量要求和最佳费用效益。

  可靠性工程是为了达到可靠性要求而进行的有关设计、生产、试验等一系列工作，其重点侧重于预防、发现和纠正可靠性设计以及元器件、材料、工艺等方面的缺陷。要重视在产品研制早期对可靠性工程的投资，避免追加费用，延误进度。

  可靠性计算是为了确定和分配产品的可靠性定量指标要求，以及预计和定量评估可靠性的一系列数学工作。可靠性计算的主要任务是为研制、使用和后勤保障提供信息，包括估计产品工作效能和用户费用所需的信息。

7.1.3 故障报告、分析和纠正措施系统

  对产品研制与生产过程的故障信息及时进行收集、分析、查明系统的故障原因，采取有效的纠正措施，是改进设计、工艺，防止故障再发生，实现可靠性增长的有效措施，为此必须建立故障报告、分析和纠正措施的闭环信息系统。

  故障报告、分析和纠正措施系统（Failure Reporting, Analysis and Corrective Action System, FRACAS）利用"信息反馈、闭环控制"的原理，并通过一套规范化的组织、管理程序，使发生的产品故障能得到及时报告，查清原因，正确纠正，防止再现，如图7-2所示。

  FRACAS的目的和作用：①及时报告产品（系统或设备）的故障，分析其故障原因，制定和实施有效的纠正措施，以防故障再次发生，提高其可靠性；②实现可靠性增长，是提高产

品质量的重要手段；③积累大量的故障数据及其处理经验，提高设计和生产水平；④在产品研制、生产和早期使用阶段，对故障进行"归零"管理。

FRACAS 的原则：定位准确（准确确定发生问题的部位）、机理清楚（弄清问题发生的根本原因）、问题复现（问题复现能够验证定位的准确性和机理分析的正确性）、措施有效（制订有针对性、可行性的纠正措施及实施计划，并经过评审和验证）、举一反三（问题反馈到其他型号或产品以防止同类故障的发生）。

图 7 - 2　FRACAS 闭环工作流程

7.1.4　可靠性工作计划

为落实可靠性大纲中规定的目标和任务而制订的具体实施计划。通过计划对全部可靠性活动进行组织、指挥、协调、控制和监督检查，以实现产品可靠性大纲的目的。可靠性工作计划的具体作用如下：

（1）管理、实施产品可靠性大纲；

（2）反映承制方对可靠性工作项目的理解和实施方法；

（3）评价承制方为实施和控制可靠性工作项目所规定的各项程序是否合适；

（4）反映承制方对产品可靠性要求的保证能力。

制订可靠性工作计划时需要考虑的一般因素如下：

（1）所要求的系统可靠性水平高低。通常可靠性要求越高，工作安排应越详细。

（2）在系统寿命周期内所处的阶段。

（3）技术类别和组织同类产品的可靠性状况。

（4）对系统研制计划的其他约束条件，如进度、资金等。

简单来说,可靠性工作计划的内容应包括"做什么""谁去做""何时做"以及"如何做"。具体内容如下:

(1)实施产品可靠性大纲的指导思想。

(2)可靠性工作项目的实施细则,如工作项目要求、工作内容、完成状况、检查方法等等。

(3)可靠性工作组织、人员及职责。

(4)可靠性工作进度表。

(5)产品可靠性大纲的评审节点。

(6)可靠性工作计划与产品总的研制计划的协调,包括与维修性计划的协调。

(7)可靠性信息的收集、传递、处理、贮存、使用等程序的说明。

(8)可靠性关键问题及其对可靠性要求的影响,解决问题的方法和程序。

(9)教育与培训要求等。

7.2　可靠性过程管理

在产品的全寿命周期内,可靠性管理的内容贯彻始终。只有加强可靠性管理,才能使产品获得并实现其高可靠性。

可靠性过程管理

7.2.1　设计阶段的可靠性管理

设计阶段是可靠性管理的基础,产品的可靠性设计决定着其固有可靠性。设计阶段对产品可靠性的要求如下:

(1)规定产品的基本功能、特征和性能指标;

(2)规定可靠性、可维修性及安全性指标和要求;

(3)规定设计阶段、生产制造过程中的元器件、原材料的控制方法;

(4)规定产品维修的方法;

(5)说明产品寿命周期全过程的环境条件;

(6)规定产品使用后可靠性数据的收集与分析要求;

(7)规定技术文件的管理制度;

(8)有关其他特殊要求。

在确定产品需求和可靠性指标以后,通常情况下,可靠性设计的基本程序如下:

(1)根据系统的使用要求和环境要求,定性、定量分析产品的可靠性和维修性指标。

(2)按拟定的设计方案,进行初步的可靠性预计或评估,并与可靠性指标要求进行对比。根据实际情况,考虑冗余设计、储备或可靠性性能退化等。

(3)根据总体指标,对分系统、子系统、部件等进行可靠性指标分配,注意在分配过程中要留有余量。

(4)随着设计的推进,修订预测值与分配值,结合工程设计及设计评审清单进行评审,解决存在的问题,提升可靠性水平。

此外,在上述过程中还要开展下面的工作:

(1)采用故障模式影响分析、故障树分析等分析各种可能的故障模式或隐患。

（2）元器件、外购件、原材料的选用与控制。

（3）设计研制性与验证性试验。

（4）构建故障报告、分析和纠正措施系统。

可靠性设计的一般性原则如下：

（1）实施系列化设计，在原有成熟产品上逐步扩展，构成系列；

（2）实施统一化设计，凡有可能均应使用统一的零件、可移动模板和组件；

（3）实施标准化设计，尽可能采用成熟的标准电路、标准模板及标准零件；

（4）实施集成化设计，尽量采用固定组件，将独立元器件数减少到最小程度；

（5）不用不成熟的新技术，如必须使用时，应对其可行性及可靠性进行充分论证，有可信的实验报告；

（6）在电路设计中尽量选用无源器件，将有源器件减少到最小程度；

（7）在系统设计初期要考虑和采用有效的电磁抗干扰控制技术等。

7.2.2　制造阶段的可靠性管理

产品通过可靠性设计获得了固有可靠性，如果在生产制造过程中不采取管理措施，不用先进的制造工艺去保证，会使产品的可靠性退化。设计为可靠性奠定基础，制造保证可靠性实现，两者共同决定了产品出厂时的固有可靠性。统计表明，忽视制造过程中的可靠性管理，有可能使实际的可靠性低于预计的 10%。因此，必须重视制造过程的可靠性管理，进行一系列的可靠性工作，将可靠性退化降到最低程度，加速产品可靠性的增长。制造过程中可靠性管理的两个重点：①最大限度排除或控制各种不可靠因素；②最大限度检出不可靠因素造成的缺陷。制造阶段的可靠性管理主要是生产现场的管理、工序质量管理、老化筛选、检验试验管理等，具体的可靠性管理内容如下：

（1）建立和实施严密的质量组织体系、完备的质量保障体系，保证齐全的质量原始记录。

（2）严格外购/外协件及原材料的质量评审、检验抽样等，加强库存管理，保证必要的储存条件。

（3）按照标准工艺，对元器件进行严格的筛选，剔除早期失效部分，排除潜在故障因素。

（4）运用精细化工艺、精益生产的 IE 技术等手段，不断优化工艺设计和生产技术。

（5）加强生产人员的技能培训，提高其技术水平，加强生产设备的维护保养，严格操作规程，创造优良的生产条件。

（6）建立有效的故障报告、分析和纠正措施系统，使得产品的固有可靠性能够得以保持。

7.2.3　使用维修过程的可靠性管理

使用维修过程的可靠性管理的重要意义和必要性在于：

（1）设计与制造所赋予出厂产品固有可靠性，在运输、储存、使用、维修过程中会由于各种因素发生退化，使产品的使用可靠性下降，必须进行严格可靠性管理，防止可靠性退化。

（2）电子和电机产品不可避免地存在着随机故障和耗损故障，必须通过正确的维修恢复产品的正常工作。

（3）复杂装备系统在使用和维修过程中有可能进一步发现设计与制造的缺陷，通过改进实现可靠性增长。

（4）通过培训与指导，防止或减少用户使用不当造成的故障，以充分发挥产品功能；周到的维修服务，可提升用户对生产方的信任，提升企业信誉，为进一步扩大市场奠定基础。

（5）通过使用维修过程，收集数据和失效样品，通过质量信息反馈和征询用户意见，可帮助生产单位改进管理，提高产品设计和制造水平，进一步提升产品质量。

使用维修过程的可靠性管理包括包装管理、运输管理、储存管理、使用培训与指导、维修手册和维修大纲的制订、组织设备维修机构、维修人员培训、备品/备件的准备等。

7.2.4　可靠性信息的管理

可靠性信息是改进产品质量与可靠性、改善产品研制各环节工作质量的最直接的原始资料和依据，它对监测、评价过程控制和质量与可靠性水平的高低起着不可忽视的作用。

可靠性信息的管理是深入开展产品质量、可靠性、维修性、保障性管理工作的重要环节，应贯穿于产品的设计、生产、试验和使用维护等全寿命周期的各个阶段。

（1）完善信息管理的规章制度。首先应制定与完善信息管理制度，明确信息管理的责任与权限。对可靠性信息的收集、整理、分析和反馈制定专门的程序，并落实到企业质量体系的程序文件中，做到有据可依，有章可循，有较强的可操作性；建立产品故障和事故信息通报制度、质量指标考核制度，从整体上明确信息管理的行为主体、权责与实施途径，对可靠性信息的收集、整理、反馈、使用等从组织上和具体的操作层面上对质量与可靠性信息管理的内涵和外延做清晰的界定。

（2）完善可靠性信息数据库。数据库技术是对产品设计、调试现场使用信息和试验信息的采集、统一管理和充分利用的一种有效形式，重点在于合理的结构设计和完善的功能设计。所谓合理的结构设计是指它能够体现产品故障特点的设计，完善的功能设计是指它能满足对产品进行可靠性评定、状态监控、故障诊断等工作的基本需要，包括从设计、试制、生产等全过程的各类数据的完整数据库。充分利用计算机网络资源，建立一个开放的、动态链接的、具有方便友好的界面和应用程序接口的质量与可靠性信息数据库是可靠性信息加工、使用的基础。

（3）完善可靠性信息管理网络。加强可靠性信息管理网络建设是各企业有序、有效开展信息管理工作的必然要求。实施可靠性信息的网络化建设，减少信息的"时滞"现象，提高对信息的快速反应能力尤为重要。

为保证信息管理渠道的畅通与信息的完整，消除部门壁垒造成的信息不对称现象，必须建立科学的矩阵式信息管理模式，对质量与可靠性信息的收集和处理分层次、分等级进行，建立现代信息管理立体网络，以最佳的途径和最快的速度对质量与可靠性信息进行收集、整理、存储、分析、处理，并反馈到决策和执行部门。因此，有效地优化组织结构，包括促使组织结构的流程化，加速跨部门的质量信息流，"冲"开部门之间的围墙，加速跨企业的质量信息流，"冲"开企业和用户、供应商和合作伙伴之间的围墙，实现组织结构的扁平化、网络化和信息化，建立以信息员为主，设计师系统、工艺师系统、质量部门、科研生产管理部门参加的质量信息管理群体是确保信息的及时性与准确性的基础。通过局域网建设实现信息共享，达到了信息资源利用率的最大化。信息管理网络的有效运转确保了信息"尽收网里"。

(4)加强可靠性信息的统计分析和应用。信息是资源,是财富。信息管理的最终目的是实现信息资源的最大化利用,信息只有使用才能体现其价值。通过对可靠性信息的加工处理、分析对比后形成满足科研、生产、物资、质保等不同顾客要求的质量特性报告,通过反馈进一步指导科研生产和质量改进,提高信息的使用价值和利用率,为各层次人员进行质量改进决策、设计改进决策等提供有效的支持。

思　考　题

1.可靠性管理的含义是什么?

2.简述制定可靠性大纲的目的。

3.简述可靠性大纲与可靠性工作计划的关系。

4.在产品的全寿命周期内,可靠性管理包括哪些内容?

第8章 航空器可靠性工程

8.1 航空可靠性基本概念

在航空领域,可靠性问题首先是从军用航空电子设备开始的。第二次世界大战期间,由于使用了雷达、飞航式导弹等较复杂的新式武器,而这些武器的心脏——电子设备都屡出故障,严重影响了飞机的战斗力。1939年,美国航空委员会出版《适航性统计学注释》,首次提出飞机故障率不应超过0.000 01次/h,相当于每小时飞机的可靠度为0.999 99,可认为这是最早的飞机安全性和可靠性定量指标。

随着飞机结构复杂化和工作环境的严酷化,人们对飞机的可靠性要求越来越高。可靠性研究工作从电子产品扩展到结构、机构等机械产品。1965年,国际电子技术委员会(IEC)可靠性技术委员会(TC-56)的成立标志着可靠性工程成为一门国际化技术。可靠性研究发展到了系统可靠性层面,形成了较为完善的系统可靠性分析和设计理论,与产品可靠性相关的产品维修性、测试性和综合保障技术也越来越受到重视并得到发展。出现了以可靠性为核心的维修理论、对飞行器电气系统和非电气系统进行状态监控和检测的系统、保证战斗力和降低成本的军(民)用飞机的综合保障技术、飞行器的远程健康监控技术等。

航空系统的设计与可靠性、维修性、保障性是密不可分的,是提高飞行器适用性和有效性的有利手段。航空系统设计中涉及的主要概念及其关系如图8-1所示。

图 8-1 飞机设计所涉及的主要概念及其关系图

1. 飞机的可用性

飞机的可用性包括其可靠性、维修性、保障性。

可靠性是系统在规定的条件下和规定的时间内,完成规定功能的能力。对于飞机系统来说,可靠性是考核在规定的条件和时间内,系统的寿命单位总数与故障总次数之比,即平均无故障工作时间(MTBF 或 MTTF),也可以用平均故障间隔飞行小时(Mean Flying Hours Between Failures,MFHBF)来表示。

维修性是可靠性的重要补充,指的是系统维修的难易程度,是设计决定的质量特性,其概率度量为维修度。常用的维修性指标有平均修复时间(MTTR),即系统由故障状态修复到具有完成规定功能状态所需时间的平均值,以及每飞行小时维修工时(Mean Maintenance manhours per Flight Hour,MMH/FH)和维修工时率。

保障性是系统的设计特性和计划的保障资源满足平时和战时使用要求的能力。保障性可以说是可靠性、维修性和保障条件的函数,主要有保障性资源参数、保障性设计参数和保障性综合参数。每一种参数可以用许多指标衡量,其中对飞机系统常用的使用参数有两个,一是再次出动准备时间(Turn Around Time,TAT),二是平均后勤延误时间(Mean Logistics Delay Time,MLDT)。

可用性指系统在任一随机时刻需要和开始执行任务时,处于可工作或可使用状态的程度。可用性是飞机系统特性变换成有效性时的一个综合参数,其表征了系统这样一个特性,即在规定的条件下,需要的时候,系统是否可用,也就是指系统在任一时刻投入战斗的能力,是影响系统作战能力的主要特征,其概率度称为可用度。可用度可以分为瞬时可用度、平均可用度和稳态可用度。其中,稳态可用度有以下两种表示方式。

(1)固有可用度的计算式为

$$A_0 = \frac{\text{MTBF}}{\text{MTBF} + \text{MTTR}} \qquad (8.1)$$

(2)使用可用度的计算式为

$$A_1 = \frac{\text{MTBF}}{\text{MTBF} + \text{MTTR} + \text{MLDT}} \qquad (8.2)$$

此外,常用的还有出动架次率(Sortie Generation Rate,SGR)和任务成功率(Mission Capable Rate,MCR)等。

2. 飞机的可信性

飞机的可信性包括任务可靠性和生存性。

任务可靠性是指系统在规定的任务剖面内完成规定功能的能力。任务可靠性反映了系统对任务成功性的要求,是在平时的自然环境中和战时的敌对环境中,不考虑人为敌对因素的情况下,系统完成任务的能力。任务可靠性仅仅考虑能够导致任务失败的故障,其概率度量为任务可靠度(Mission Reliability,MR),常用的还有任务中断率(Break-off Rate,BR)等。

生存性是指飞机系统避开或承受人为敌对环境的能力。生存性包括敏感性和易损性两个主要概念。其中,敏感性是系统不能避免被敌方发现或击中的可能性,易损性是系统被击中后不能承受该击中而被杀伤的可能性。

可信性是在整个任务期间,飞机系统持续工作的能力。可信性综合了飞机的生存性和任务可靠性,是反映系统实战能力的重要特性。可信性与可用性是有区别的。前者是指系统在执行作战任务时,在自然环境并受到人为的敌对威胁时,其执行各项功能的能力。后者是指在纯自然环境中(无人为敌对威胁)正常使用时,飞机处于可执行任务状态的能力。可信性的好坏直接受到飞机生存性及任务可靠性的影响,是两者的函数,其概率度量是可信度。

3.性能

性能是指在整个任务期间,如果设备正常工作,成功完成任务的能力。能力是指飞机在自然使用环境及敌对环境下均正常连续工作时,飞机能否完成任务(如摧毁目标),它给出的理想任务状态下可能的结果,代表系统纯粹的作战能力,受系统的机动性、武器的精度、作用距离、杀伤力及其他设备的性能影响。

4.有效性

飞机系统的有效性是其可用性、可信性及性能的综合反映,是系统实战能力的最终量度。飞机系统的有效性可以表示为

$$E = A \cdot D \cdot C \tag{8.3}$$

式中:E 为系统有效性;A 为系统可用度在任务开始时的矢量矩阵;D 为系统可信度在某一时间间隔内的条件概率矩阵;C 为性能,即系统在给定的状态下完成任务要求的概率矩阵。

5.全寿命周期费用

费用问题是飞机设计的一个很重要的因素。随着设计技术与设计要求的提高,各项费用均大幅度增加。费用或者说飞机系统的全寿命周期费用是指系统在寿命周期内为系统的论证、研制、生产、使用与保障直到退役所付出的一切费用之和。由于论证与退役费用所占比例很小,在效费分析时可以忽略不计,所以主要是研制费用、生产费用、使用与保障费用。

研制费用又称研究设计和发展费用,是指从系统立项开始到系统研制完成(定型产品)为止所需的费用之和。

生产费用是指系统投入批生产后所需的重复性和非重复性生产费用和其他生产阶段所需费用之和。

使用与保障费用是系统投入使用后所需的使用费用和维修保障费用之和。它在全寿命周期费用中所占的比例最大(约60%),并以每年3%左右的速率持续增长。

8.2 飞机结构/机构可靠性分析与设计

结构可靠性的研究略迟于电子产品的可靠性研究。在结构可靠性发展的初期,是参照电子产品可靠性的研究方法进行的。然而把结构简化为理想的串/并联系统,忽略相关性计算可靠度,会与真实情况有巨大的差异。众多工程实践结果表明,以安全系数法为代表性的传统机械设计对环境条件和结构特性的确定性假设是不可靠的。另外,如何估计接近或超过设计寿命期限的结构产品的剩余寿命或可靠性,也是非常迫切的任务。这些都极大地促进了结构可靠性的发展,并逐步形成了结构体系可靠性学科。

与结构可靠性相比,机构可靠性的研究要更晚一些。然而,在飞机制造和常见机械设计中,机构运动副零件的磨损失效在总失效中占相当大的比例,为 30％～80％。飞机操纵机构、起落架收放机构、直升机升力螺旋桨中的铰链接头等都有因磨损失效而引起事故的实例。飞机起落架不能按要求完成其收放功能的事故、卫星通信设备的可收放天线不能按要求完成其收放功能的事故、军用及民用各种阀门的控制功能的失效事故等频频发生,使得对运动机构运动功能可靠性的研究更为迫切。

对于飞机结构和机构可靠性分析,在宋笔锋等人编著的《飞行器可靠性工程》中有详细的阐述,这里只作简单的介绍。

8.2.1　结构可靠性分析的步骤

结构可靠性分析的过程大致分为以下三个阶段。

(1)收集与结构有关的随机变量的观测或试验资料,并对这些资料用概率统计的方法进行分析,确定其分布形式及有关统计量,作为可靠度和失效概率计算的依据。其中,与结构有关的随机变量可以分为三类:第一,外部作用,如载荷、环境等;第二,材料的物理性能;第三,结构件的几何尺寸及其在结构系统中的位置。

(2)用结构力学的方法计算构件的载荷效应,通过试验和统计获得结构的能力,从而建立结构的失效准则。载荷效应是指在载荷作用下,结构件的应力、内力、位移、变形、振动频率及疲劳损伤等。结构能力是指结构抵抗破坏和变形的能力,如屈服强度、抗拉强度、允许变形和位移以及寿命等。结构的失效准则用极限状态来表示,极限状态连接结构能力与载荷效应,组成了进行结构可靠性分析的极限状态方程。对于结构系统,极限方程一般较为复杂,可借助结构力学、塑性力学、弹性力学以及有限元分析的理论建立起来。

(3)计算评价结构可靠性的各项指标。在结构件或结构系统的失效准则建立以后,便可根据这些准则,计算结构件或结构系统的各种可靠性指标,如可靠度、失效概率、寿命等。

8.2.2　结构可靠性分析的方法

1. 应力-强度干涉模型

在考虑元件静强度可靠性时,通常认为只有 2 个随机变量,即元件强度 R 和元件应力 S,则元件的可靠度计算公式为

$$R_e = \int_{-\infty}^{+\infty} f_S(s) [1 - F_R(s)] ds$$

式中:f_S 为应力的密度函数;F_R 为强度的累积分布函数。

2. 一次二阶矩方法

一次二阶矩方法应用随机变量的一阶矩(均值)和二阶矩(方差或标准差)近似求解可靠度以避免复杂的积分。

当安全余量方程为线性方程,只含 2 个随机变量且分布为正态分布时,即 $M = R - S$,可靠度为

$$R_e = \int_0^{+\infty} \frac{1}{\sqrt{2\pi}\,\sigma_M} \exp\left[-\frac{1}{2}\left(\frac{M - \mu_M}{\sigma_M}\right)^2 \right] dm$$

式中:M 为安全余量;μ_M 和 σ_M 分别为 M 的均值和标准差。

当安全余量函数为线性,含 n 个随机变量,且变量相关时,即 $M = a_0 + \sum_{i=1}^{n} a_i x_i$,可靠性指标为 $\beta = \mu_M / \sigma_M$,其中

$$\sigma_M^2 = \sum_{i=1}^{n} a_i^2 \sigma_i^2 + \sum_{i=1}^{n} \sum_{\substack{j=1 \\ i \neq j}}^{n} \rho_{ij} a_i a_j \sigma_i \sigma_j$$

3.随机抽样法

依据大数定理,采用随机样本来估计结构可靠度,如 Monte Carlo 法及其改进的方差缩减技术。

8.2.3 机械疲劳强度可靠性

1.机械零件的无限寿命可靠性设计

利用材料标准试样或零件的 P-S-N 曲线(即概率-应力-寿命),根据给定的条件和要求,将零件设计为始终在无限疲劳寿命区工作,以使该零件有足够长的寿命设计,称为无限寿命设计。

2.机械零件的有限寿命可靠性设计与寿命预测

在指定寿命 $\lg N$ 处取疲劳强度的均值和标准差,再与已求得的工作应力分布的均值、标准差按应力-强度分布干涉理论计算可靠度。如果应力分布与强度分布均服从正态分布,则易求解。在有限寿命疲劳强度可靠性设计中,一般取 $N = 10^3 \sim 10^5$ 次。

8.2.4 机构可靠性分析方法

机构系统为了完成静、动功能,应包含以下 6 个典型的工作阶段:
(1)维持初始位置不动阶段。
(2)若有锁扣以保持其初始位置,则为了进入运动,需要一个开锁阶段。
(3)启动阶段,把启动(或初始)阶段从整个运动阶段中单独划分出来。
(4)继续运动阶段。
(5)定位阶段。
(6)若定位固定采用定位锁扣,则有一个闭锁阶段。

锁机构的可靠性分析

其中,第(1)阶段和第(5)阶段的定位与定位可靠性有关。第(2)阶段和第(4)阶段与锁系统有关。第(3)~(5)阶段的定位过程为整个运动阶段,若不考虑磨损、老化、卡住等失效模式,而只考虑在正常情况下是否有足够的剩余力或力矩使其继续运动,则称之为机构正常运动的可靠性。

8.2.5 飞机系统可靠性设计

通过定性的和定量的可靠性分析,确定系统及其组成单元和接口的薄弱环节,找出影响系统可靠性和安全性的关键部位和因素,通过改进设计、改善工艺、增强教育和加强安全管

理等手段来提高系统的可靠性。

从可靠性的角度出发,飞机系统的可靠性设计的步骤如下。

1.定义系统

在对设计资料、图纸进行深入了解和理解的基础上,定义所分析的系统。系统定义应该包括以下内容:

(1)系统的各项任务、各项任务阶段/工作模式及其环境剖面。

(2)确定系统的功能关系,包括说明主要、次要任务目标。

(3)确定系统及其组成部分的故障判据,系统各层次的任务阶段/工作模式、预期任务时间、功能和输出等。

2.功能框图

功能框图是进行可靠性分析与设计的基础,它反映了系统各组成部分的功能逻辑关系,可以确定系统各个层次的不同任务阶段及不同的工作方式下产品的功能输出清单。

3.可靠性框图

从完成系统功能的角度来反映各功能实体之间的相互关系。如果系统有几种可替换的工作方式,应画出各个工作方式对应的可靠性框图。

4.系统可靠性分析与设计

采用故障模式影响分析定性分析故障模式概率的等级及定量计算故障模式发生的概率。为消除或减轻故障影响而采取的补偿措施,如余度、安全装置、监控技术、替换的工作方式等,以及为保障产品正常工作需要采取的维修措施等。

根据关键件或重要件的重要度、复杂度等合理分配各构件的可靠性指标,以便进行系统可靠性设计,达到系统的可靠性要求。

【例 8-1】　某型弹射救生装置指令系统可靠性设计。

弹射救生装置由快卸接头(3 个)、传爆机构、状态选择机构、单向活门、延期机构、燃气管路和管路连接件等组成。指令系统的可靠性设计是以系统及其各机构组件的试验数据为基础,以产品可靠性技术指标为依据。

(1)指令系统工作原理。指令系统工作原理如图 8-2 所示。

图 8-2　指令系统工作原理示意图

(2)可靠性框图。各系统功能的可靠性框图如图 8-3 所示。

(3)故障模式影响分析。各部件的故障模式影响分析结果见表 8-1。

图 8-3　可靠性框图

表 8-1　故障模式影响分析结果

名　称	功　能	故障模式	故障影响			严重度等级
			对自身影响	对上级影响	最终影响	
传爆机构、延期机构	提供动力	外部漏气	输出压力小	程序可能中断	任务可能失败	Ⅲ
		剪切销未剪断	不打火	程序中断	任务失败	Ⅰ
		底火未击发	不打火	程序中断	任务可能失败	Ⅰ
		底火瞎火	不打火	程序中断	任务可能失败	Ⅰ
		主装药未点燃	不打火	程序中断	任务可能失败	Ⅰ
单向活门	单向通导燃气	不通	不工作	程序中断，导管损坏	任务可能失败	Ⅰ
		通	无影响	无影响	无影响	Ⅲ
状态选择机构	手动转换燃气通道	外部漏气	工作或不工作	程序可能中断	任务可能失败	Ⅰ
		内部漏气	工作或不工作	程序可能中断	任务可能失败	Ⅰ

（4）可靠性预计。对每一种故障模式的发生概率进行统计和计算。根据美国可靠性分析中心《非电子产品可靠性数据》中的数据，对指令弹射系统及其各部件进行分析和计算。表 8-2 给出了各零组件的可靠度数据。

可靠性预计

表 8-2　指令弹射系统各零组件可靠度

名　称	可靠度	名　称	可靠度
快卸接头	0.999 93	延期机构	0.999 70
单向活门	0.999 86	延期弹	0.999 90
燃爆机构	0.999 70	燃气管路	1
传爆弹	0.999 90	管路连接件	1
状态选择机构	0.999 98		

　　通过分析,认为指令弹射系统双态前椅启动弹射的工作模式最复杂,系统的可靠度最低。以该工作模式为顶事件构建故障树。通过对顶事件的定量分析,可以确定指令弹射系统完成飞行任务的可靠性预计值。对于本例来说,计算结果表明,可靠性预计值为 0.998 97,满足战术技术协议书要求的可靠性指标。

　　(5)可靠性分配。对指令弹射系统进行可靠性分配,以确定系统各零组件可靠性的定量要求,作为各级设计人员可靠性设计的依据。一般对于复杂程度高、技术不成熟、工作环境恶劣的产品,分配的可靠性指标要低些,而对于重要度高、改进潜力大的产品分配的可靠性指标高。

可靠性指标分配

　　(6)可靠性设计。以系统各零组件的可靠性标要求为指导,考虑零组件的参数不确定性,进行可靠性分析及设计。根据系统的可靠性框图及逻辑关系,估计系统的可靠性是否满足系统可靠性指标的要求,如若满足要求,则完成系统的可靠性设计;否则,需要进行可靠性指标的再分配及再设计。

附　录

附录 A　概率论知识点

A.1　概率论

偶然的因素使得试验结果不可预知,呈现出随机不确定性,但大量重复试验结果却具有统计规律的现象,称之为随机现象。概率论就是研究和揭示随机现象的统计规律的数学学科。

概率可以看作是对随机事件在一次试验中发生可能性大小的数值度量表征。概率的统计定义:设 E 是随机试验,S 是样本空间。对于 E 的每一事件 A 赋予一个实数 $P(A)$,以 $P(A)$ 表示事件 A 在一次试验中发生的可能性大小,称 $P(A)$ 为事件 A 的概率,需满足以下三个条件。

(1)非负性:$0 \leqslant P(A) \leqslant 1$。

(2)规范性:$P(S) = 1$。

(3) 可列可加性:若 $A_1, A_2, \cdots, A_n, \cdots$ 两两互不相容,则 $P(\bigcup\limits_{i=1}^{+\infty} A_i) = \sum\limits_{i=1}^{+\infty} P(A_i)$。

此外,概率还具有如下性质。

(1) 空集的概率:$P(\varnothing) = 0$。

(2) 有限可加性:若 $A_1, A_2, \cdots, A_n$ 两两互不相容,则 $P(\bigcup\limits_{i=1}^{n} A_i) = \sum\limits_{i=1}^{n} P(A_i)$。

(3) 逆事件的概率:$P(\overline{A}) = 1 - P(A)$。

(4) 包含关系下的概率:若 $A \subset B$,则有 $P(B - A) = P(B) - P(A)$,且 $P(B) \geqslant P(A)$。

(5) 概率的加法公式:$P(A \cup B) = P(A) + P(B) - P(AB)$。

A.2　概率的数学基础

1.条件概率

设 A, B 是两随机事件,且 $P(A) > 0$,称

$$P(B \mid A) = \frac{P(AB)}{P(A)}$$

为在事件 A 发生的条件下事件 B 发生的条件概率。

2. 乘法公式

设 A,B 是两随机事件，它们积事件的概率为

$$P(AB)=P(B|A)P(A), \quad P(A)>0$$
$$P(AB)=P(A|B)P(B), \quad P(B)>0$$

3. 全概率公式

设试验 E 的样本空间为 S，A 为 E 的随机事件，$B_1,B_2,\cdots,B_n$ 为 S 的一个划分，且 $P(B_i)>0, i=1,2,\cdots,n$，则

$$P(A)=\sum_{i=1}^{n}P(A\mid B_i)P(B_i)$$

称为全概率公式。

4. Bayes 公式

设试验 E 的样本空间为 S，A 为 E 的随机事件，$B_1,B_2,\cdots,B_n$ 为 S 的一个划分，且 $P(A)>0, P(B_i)>0, i=1,2,\cdots,n$，则

$$P(B_i\mid A)=\frac{P(A\mid B_i)P(B_i)}{\sum_{j=1}^{n}P(A\mid B_j)P(B_j)}$$

称为 Bayes 公式。

5. 独立性

设 A,B 为两随机事件，若等式 $P(AB)=P(A)P(B)$ 成立，则称事件 A,B 相互独立，简称 A,B 独立。A,B 相互独立，则 $P(B|A)=P(AB)/P(A)=P(B)$。

A.3　随机变量

随机变量的定义：设随机试验 E 的样本空间为 $S=\{e\}$，引入实值单值函数 $X=X(e)$，使得 S 中每个样本点 e 都有一个 X 的取值与之对应，称 X 为样本空间上的随机变量。

随机变量 X 的分布函数为

$$F(x)=P(X\leqslant x) , -\infty<x<+\infty，其中 x 为任意实数$$

分布函数可以完整地描述随机变量的统计规律。随机变量 X 落在任意给定区间的概率为

$$P(a<X\leqslant b)= F(b)-F(a)$$

根据随机变量值域的特点，可以将随机变量分为离散型随机变量和连续型随机变量。描述离散型随机变量的统计规律可以用分布律，即获得

$$X \text{ 所有可能的取值}：X=x_1,x_2,\cdots,x_k,\cdots$$
$$X \text{ 取每个值的概率}：P(X=x_k)=p_k,k=1,2,3,\cdots$$

描述连续型随机变量的统计规律可以用概率密度函数 $f(x)$，有

$$F(x)=\int_{-\infty}^{x}f(t)\mathrm{d}t$$

设随机变量 X 具有概率密度函数 $f(x)$，$-\infty<x<+\infty$，函数 $g(x)$ 处处可导，且恒有 $g'(x)>0$[或恒有 $g'(x)<0$]，则 $Y=g(X)$ 为连续型随机变量，其概率密度为

$$f_Y(y)=\begin{cases} f_X(h(y))\cdot|h'(y)|, & \alpha<y<\beta \\ 0, & \text{其他} \end{cases}$$

式中：$\alpha=\min\{g(-\infty),g(+\infty)\}$；$\beta=\max\{g(-\infty),g(+\infty)\}$；$h(y)$ 是 $g(x)$ 的反函数。

A.4 随机向量

1.二维随机向量

设 E 是一个随机试验，样本空间 $\boldsymbol{S}=\{e\}$；设 $X=X(e)$ 和 $Y=Y(e)$ 是定义在 $\boldsymbol{S}$ 上的随机变量，由它们构成的向量 (X,Y) 叫作二维随机向量，其联合累积分布函数为

$$F(x,y)=P\{(X\leqslant x)\bigcap(Y\leqslant y)\}\overset{记作}{=\!=\!=}P(X\leqslant x,Y\leqslant y)$$

相应的二维离散型随机向量的分布律描述如下：

所有可能取值对：(x_i,y_j) $i=1,2,\cdots,m,\cdots$；$j=1,2,\cdots,n,\cdots$

每一组取值的概率：$p(x_i,y_j)=P(X=x_i,Y=y_j)=p_{ij}$，$i,j=1,2,\cdots$

相应的二维连续型随机向量的联合概率密度函数 $f(x,y)$ 为

$$F(x,y)=\int_{-\infty}^{y}\int_{-\infty}^{x}f(u,v)\mathrm{d}u\,\mathrm{d}v$$

二维随机向量的每一个分量也是随机变量，其边缘分布的描述形式包括：

(1)边缘分布函数：

$$F_X(x)=P(X\leqslant x)=P(X\leqslant x,Y<+\infty)=F(x,+\infty)$$

(2)离散型变量 X 的边缘分布律：

$$P(X=x_i)=\sum_{j=1}^{+\infty}p_{ij}\overset{记为}{=\!=\!=}p_{i\cdot},i=1,2,\cdots$$

(3)连续型变量 X 的边缘概率密度函数：

$$f_X(x)=\int_{-\infty}^{+\infty}f(x,y)\mathrm{d}y$$

二维随机向量的分量之间的关系可以考虑条件分布和独立性，定义如下：

(1)$Y=y_j$ 条件下随机变量 X 的条件分布律：

$$P\{X=x_i\,|\,Y=y_i\}=\frac{P\{X=x_i,Y=y_i\}}{P\{Y=y_i\}}=\frac{p_{ij}}{p_{\cdot j}},\ i=1,2,\cdots$$

(2)$Y=y$ 的条件下 X 的条件概率密度：

$$f_{X|Y}(x\,|\,y)=\frac{f(x,y)}{f_Y(y)}\ ,\ f_Y(y)>0$$

设 X 与 Y 是两个随机变量，若对任意的 x,y，有

$$P\{X\leqslant x,Y\leqslant y\}=P\{X\leqslant x\}P\{Y\leqslant y\}$$

则称随机变量 X 与 Y 相互独立。

2.随机变量函数的分布

对于常见的随机变量函数，随机性的传递规律如下：

(1) $Z = X + Y, f_Z(z) = \int_{-\infty}^{+\infty} f(z-y, y)\,\mathrm{d}y = \int_{-\infty}^{+\infty} f(x, z-x)\,\mathrm{d}x$。

(2) $Z = Y/X, f_{Y/X}(z) = \int_{-\infty}^{+\infty} |x| f(x, xz)\,\mathrm{d}x$。

(3) $M = \max(X, Y), F_{\max}(z) = F_X(z) F_Y(z)$（$X$ 与 Y 独立）。

(4) $N = \min(X, Y), F_{\min}(z) = 1 - [1 - F_X(z)][1 - F_Y(z)]$（$X$ 与 Y 独立）。

3. n 维随机向量

二维随机向量推广至 n 维随机向量,定义联合分布函数为
$$F(x_1, x_2, \cdots, x_n) = P(X_1 \leqslant x_1, X_2 \leqslant x_2, \cdots, X_n \leqslant x_n)$$

A.5　数字特征

累积分布函数 $F(x)$ 完整刻画了随机变量的统计特性,但有时候较难求得,此时转而了解随机变量的一些特征,通过这些特征值简单了解随机变量的统计规律。由随机变量分布确定,能刻画随机变量某一方面的特征的常数统称为数字特征。

1. 数学期望(Expected Value, Expectation, Mean)
$$E(X) = \sum_{k=1}^{+\infty} x_k p_k, \quad E(X) = \int_{-\infty}^{+\infty} x f(x)\,\mathrm{d}x$$

数学期望的重要性质如下:
(1)设 C 是常数,则有 $E(C) = C$;
(2)设 X 是随机变量,C 是常数,则有 $E(CX) = CE(X)$;
(3)设 X, Y 是两个随机变量,则有 $E(X \pm Y) = E(X) \pm E(Y)$;
(4)设 X, Y 是相互独立的随机变量,则有 $E(XY) = E(X)E(Y)$。

2. 方差(Variance)和标准差(Standard Deviation)
方差:
$$D(X) = E\{[X - E(X)]^2\} = E(X^2) - E^2(X)$$
标准差:
$$\sigma(X) = \sqrt{D(X)}$$

方差的重要性质如下:
(1)设 C 是常数,则有 $D(C) = 0$;
(2)设 X 是随机变量,C 是常数,则有 $D(CX) = C^2 D(X)$;
(3)设 X, Y 是两个随机变量,则有
$$D(X \pm Y) = D(X) + D(Y) \pm 2E\{[X - E(X)][Y - E(Y)]\}$$
(4) $D(X) = 0$ 的充要条件是 X 以概率 1 取常数 $E(X)$。

3. 协方差(Covariance)和相关系数(Correlation Coefficient)
协方差:
$$\mathrm{Cov}(X, Y) = E\{[X - E(X)][Y - E(Y)]\} = E(XY) - E(X)E(Y)$$
相关系数:

$$\rho_{XY} = \frac{\mathrm{Cov}(X,Y)}{\sqrt{D(X)D(Y)}}$$

相关系数的重要性质如下：

(1) $|\rho_{XY}| \leqslant 1$；

(2) $|\rho_{XY}| = 1$ 的充要条件是，存在常数 a,b 使

$$P\{Y = a + bX\} = 1$$

4. 矩（Moments）和协方差矩阵（Covariance Matrix）

X 的 k 阶（原点）矩：

$$E(X^k)$$

X 的 k 阶中心矩：

$$E\{[X - E(X)]^k\}$$

X 和 Y 的 $k+l$ 阶混合矩：

$$E\{X^k Y^l\}$$

X 和 Y 的 $k+l$ 阶混合中心矩：

$$E\{[X - E(X)]^k [Y - E(Y)]^l\}$$

协方差矩阵：

$$\begin{pmatrix} D(X_1) & \mathrm{Cov}(X_1, X_2) & \cdots & \mathrm{Cov}(X_1, X_n) \\ \mathrm{Cov}(X_2, X_1) & D(X_2) & \cdots & \mathrm{Cov}(X_2, X_n) \\ \vdots & \vdots & & \vdots \\ \mathrm{Cov}(X_n, X_1) & \mathrm{Cov}(X_n, X_2) & \cdots & D(X_n) \end{pmatrix}$$

A.6 常用的概率分布

1. 二项分布 $B(n, p)$

用 X 表示 n 重伯努利试验中事件 A 发生的次数，其分布律为

$$P(X = k) = C_n^k p^k (1-p)^{n-k}, \quad k = 0, 1, 2, \cdots, n$$

二项分布的矩有如下形式：

$$E(X) = np, D(X) = np(1-p)$$

2. 泊松分布 $\pi(\lambda)$

若随机变量 X 所有可能的取值为 $0, 1, 2, \cdots$，而取每个值的概率为

$$P\{X = k\} = \frac{\lambda^k}{k!} \mathrm{e}^{-\lambda}, k = 0, 1, 2, \cdots$$

则称 X 服从参数为 λ 的泊松分布，记为 $X \sim \pi(\lambda)$。

泊松分布的矩有如下形式：

$$E(X) = \lambda, D(X) = \lambda$$

3. 几何分布 $G(p)$

若随机变量 X 的分布律为

$$P\{X = k\} = p(1-p)^{k-1}, \quad k = 1, 2, \cdots, n$$

则称 X 服从几何分布，记为 $X \sim G(p)$。几何分布可用来描述事件在 n 次试验中首次发生

的概率。

几何分布的矩有如下形式：

$$E(X)=\frac{1}{p},\quad D(X)=\frac{1-p}{p^2}$$

常用离散型分布表见表 A-1。

表 A-1　常用离散型分布表

分布及标记	分布律、定义域、参数条件	数学期望 $E(X)$	方差 $D(X)$
二项分布 $B(n,p)$	$P(X=k)=C_n^k p^k(1-p)^{n-k}$ $k=0,1,2,\cdots,n$ $p>0,n$ 为正整数	np	$np(1-p)$
泊松分布 $\pi(\lambda)$	$P\{X=k\}=\dfrac{\lambda^k}{k!}\mathrm{e}^{-\lambda}$ $k=0,1,2,\cdots$ $\lambda>0$	λ	λ
负二项分布 $B^-(r,p)$	$P(X=k)=C_{r+k-1}^{r-1}p^r(1-p)^k$ $k=0,1,2,\cdots$ $p>0$	$\dfrac{r(1-p)}{p}$	$\dfrac{r(1-p)}{p^2}$
几何分布 $G(p)$	$P\{X=k\}=p(1-p)^{k-1}$ $k=1,2,\cdots,n$ $p>0$	$\dfrac{1}{p}$	$\dfrac{1-p}{p^2}$
超几何分布 $H(n,M,N)$	$P\{X=k\}=\dfrac{C_M^k C_{N-M}^{n-k}}{C_N^n}$ $k=\max(0,n-N+M),\cdots,\min(M,n)$ M,N,n 为正整数 $0\leqslant M\leqslant N,0\leqslant n\leqslant N$	$\dfrac{nM}{N}$	$n\dfrac{N-n}{N-1}\dfrac{M(N-M)}{N^2}$

4. 均匀分布 $U(a,b)$

均匀分布的密度函数和分布函数为

$$f(x)=\begin{cases}\dfrac{1}{b-a},x\in(a,b),\\0,\qquad 其他\end{cases}\quad F(x)=\begin{cases}0,&x<a\\\dfrac{x-a}{b-a},&a\leqslant x<b\\1,&x\geqslant b\end{cases}$$

均匀分布的矩有如下形式：

$$E(X) = \frac{a+b}{2}, \quad D(X) = \frac{(b-a)^2}{12}$$

5. 指数分布 $\text{Exp}(\lambda)$

指数分布的密度函数和分布函数为

$$f(x) = \begin{cases} \lambda e^{-\lambda x}, & x > 0 \\ 0, & x \leqslant 0 \end{cases}, \quad F(x) = \begin{cases} 1 - e^{-\lambda \cdot x}, & x > 0 \\ 0, & x \leqslant 0 \end{cases}$$

指数分布的矩有如下形式：

$$E(X) = \frac{1}{\lambda}, \quad D(X) = \frac{1}{\lambda^2}$$

指数分布有"无记忆性"的特性。

6. 正态分布 $N(\mu, \sigma^2)$

正态分布是应用非常广泛的分布形式，其密度函数和分布函数为

$$f(x) = \frac{1}{\sqrt{2\pi}\sigma} e^{-\frac{(x-\mu)^2}{2\sigma^2}}, \quad -\infty < x < +\infty$$

$$F(x) = \frac{1}{\sqrt{2\pi}\sigma} \int_{-\infty}^{x} e^{-\frac{(t-\mu)^2}{2\sigma^2}} dt$$

正态分布的矩有如下形式：

$$E(X) = \mu, \quad D(X) = \sigma^2$$

通过对正态变量 $X \sim N(\mu, \sigma^2)$ 线性变化 $\frac{X-\mu}{\sigma}$ 可以得到标准正态分布 $N(0,1)$，其密度函数和分布函数为

$$\varphi(x) = \frac{1}{\sqrt{2\pi}} e^{-\frac{x^2}{2}}, \quad -\infty < x < +\infty$$

$$\Phi(x) = \int_{-\infty}^{x} \frac{1}{\sqrt{2\pi}} e^{-\frac{t^2}{2}} dt$$

从而计算 $P(a < X \leqslant b) = \Phi\left(\frac{b-\mu}{\sigma}\right) - \Phi\left(\frac{a-\mu}{\sigma}\right)$。

7. 对数正态分布 $\text{LN}(\mu, \sigma^2)$

对数正态分布的密度函数和分布函数为

$$f(x) = \frac{1}{\sqrt{2\pi}\sigma x} e^{-\frac{(\ln x - \mu)^2}{2\sigma^2}}, \quad 0 < x < +\infty$$

$$F(x) = \Phi\left(\frac{\ln x - \mu}{\sigma}\right)$$

对数正态分布的矩有如下形式：

$$E(X) = e^{\mu + \sigma^2/2}, \quad D(X) = e^{\mu + \sigma^2/2}(e^{\sigma^2} - 1)$$

常用连续型分布表见表 A-2。

表 A-2 常用连续型分布表

记 号	密度函数、定义域、参数条件	数学期望 $E(X)$	方差 $D(X)$
均匀 分布 $U(a,b)$	$f(x)=\begin{cases}\dfrac{1}{b-a}, x\in(a,b)\\ 0, \quad \text{其他}\end{cases}$ $-\infty<a<b<+\infty$	$\dfrac{a+b}{2}$	$\dfrac{(b-a)^2}{12}$
指数 分布 $\text{Exp}(\lambda)$	$f(x)=\begin{cases}\lambda e^{-\lambda x}, x>0\\ 0, \quad x\leqslant 0\end{cases}$ $\lambda>0$	$\dfrac{1}{\lambda}$	$\dfrac{1}{\lambda^2}$
标准正 态分布 $N(0,1)$	$\varphi(x)=\dfrac{1}{\sqrt{2\pi}}e^{-\frac{x^2}{2}}$ $-\infty<x<+\infty$	0	1
正态 分布 $N(\mu,\sigma^2)$	$f(x)=\dfrac{1}{\sqrt{2\pi}\sigma}e^{-\frac{(x-\mu)^2}{2\sigma^2}}$ $-\infty<x<+\infty$ $-\infty<\mu<+\infty, \sigma>0$	μ	σ^2
对数正 态分布 $\text{LN}(\mu,\sigma^2)$	$f(x)=\dfrac{1}{\sqrt{2\pi}\sigma x}e^{-\frac{(\ln x-\mu)^2}{2\sigma^2}}$ $0<x<+\infty$ $-\infty<\mu<+\infty, \sigma>0$	$e^{\mu+\sigma^2/2}$	$e^{\mu+\sigma^2/2}(e^{\sigma^2}-1)$
伽玛 分布 $\Gamma(\alpha,\beta)$	$f(x)=\dfrac{\beta^\alpha}{\Gamma(\alpha)}x^{\alpha-1}e^{-\beta x}$ $x>0, \alpha>0, \beta>0$	$\dfrac{\alpha}{\beta}$	$\dfrac{\alpha}{\beta^2}$
卡方 分布 $\chi^2(n)$	$f(x)=\dfrac{1}{2^{n/2}\Gamma(n/2)}x^{\frac{n}{2}-1}e^{-\frac{x}{2}}$ $x>0, n$ 为正整数	n	$2n$
t 分布 $t(n)$	$f(x)=\dfrac{\Gamma[(n+1)/2]}{\sqrt{\pi n}\,\Gamma(n/2)}\left(1+\dfrac{x^2}{n}\right)^{-\frac{n+1}{2}}$ $-\infty<x<+\infty, n$ 为正整数	0 $(n>1)$	$\dfrac{n}{n-2}$ $(n>2)$
F 分布 $F(n_1,n_2)$	$f(x)=\dfrac{\Gamma[(n_1+n_2)/2]}{\Gamma(n_1/2)\Gamma(n_2/2)}\left(\dfrac{n_1}{n_2}\right)\left(\dfrac{n_1}{n_2}x\right)^{\frac{n_1}{2}-1}\times$ $\left(1+\dfrac{n_1}{n_2}x\right)^{-\frac{n_1+n_2}{2}}$ $x>0, n_1, n_2$ 为正整数	$\dfrac{n_2}{n_2-2}$ $(n_2>2)$	$\dfrac{2n_2^2(n_1+n_2-2)}{n_1(n_2-2)^2(n_2-4)}$ $(n_2>4)$
威布尔分布 $W(m,a)$	$f(x)=\dfrac{m}{a}x^{m-1}e^{-\frac{x^m}{a}}$ $x\geqslant 0, m>0, a>0$	$a^{\frac{1}{m}}\Gamma\left(1+\dfrac{1}{m}\right)$	$a^{\frac{2}{m}}\left[\Gamma\left(1+\dfrac{2}{m}\right)-\Gamma^2\left(1+\dfrac{1}{m}\right)\right]$

A.7 中心极限定理

客观实际中有许多随机变量，它们是由大量的相互独立的随机变量的综合影响所形成的，而其中每个个别的因素作用都很小，这种随机变量往往服从或近似服从正态分布，或者说它的极限分布是正态分布。

独立同分布的中心极限定理：

设随机变量 $X_1, X_2, \cdots, X_n$ 相互独立，服从同一分布，具有数学期望和方差 $E(X_k) = \mu, D(X_k) = \sigma^2, k = 1, 2, \cdots, n$，则随机变量的和 $\sum\limits_{k=1}^{n} X_k$ 的标准化变量为

$$Y = \frac{\sum\limits_{k=1}^{n} X_k - n\mu}{\sqrt{n}\sigma} \sim AN(0,1)$$

换一种说法：数学期望和方差分别为 μ 和 σ^2 的独立同分布随机变量 $X_1, X_2, \cdots, X_n$ 的算术平均值 $\bar{X} = \frac{1}{n}\sum\limits_{k=1}^{n} X_k$，在 n 充分大时近似服从均值为 μ、方差为 σ^2/n 的正态分布，即 $\bar{X} \sim AN(\mu, \sigma^2/n)$。

附录 B 分布函数及参数的估计检验表

B.1 标准正态分布函数表

表 B-1 标准正态分布函数表

$\Phi(x) = \int_{-\infty}^{x} \frac{1}{\sqrt{2\pi}} e^{-t^2/2} dt$

x	0.00	0.01	0.02	0.03	0.04	0.05	0.06	0.07	0.08	0.09
0.0	0.500 0	0.504 0	0.508 0	0.512 0	0.516 0	0.519 9	0.523 9	0.527 9	0.531 9	0.535 9
0.1	0.539 8	0.543 8	0.547 8	0.551 7	0.555 7	0.559 6	0.563 6	0.567 5	0.571 4	0.575 3
0.2	0.579 3	0.583 2	0.587 1	0.591 0	0.594 8	0.598 7	0.602 6	0.606 4	0.610 3	0.614 1
0.3	0.617 9	0.621 7	0.625 5	0.629 3	0.633 1	0.636 8	0.640 6	0.644 3	0.648 0	0.651 7
0.4	0.655 4	0.659 1	0.662 8	0.666 4	0.670 0	0.673 6	0.677 2	0.680 8	0.684 4	0.687 9
0.5	0.691 5	0.695 0	0.698 5	0.701 9	0.705 4	0.708 8	0.712 3	0.715 7	0.719 0	0.722 4
0.6	0.725 7	0.729 1	0.732 4	0.735 7	0.738 9	0.742 2	0.745 4	0.148 6	0.751 7	0.754 9

x	0.00	0.01	0.02	0.03	0.04	0.05	0.06	0.07	0.08	0.09
0.7	0.758 0	0.761 1	0.764 2	0.767 3	0.770 4	0.773 4	0.776 4	0.779 4	0.782 3	0.785 2
0.8	0.788 1	0.791 0	0.793 9	0.796 7	0.799 5	0.802 3	0.805 1	0.807 8	0.810 6	0.813 3
0.9	0.815 9	0.818 6	0.821 2	0.823 8	0.826 4	0.828 9	0.831 5	0.834 0	0.836 5	0.838 9
1.0	0.841 3	0.843 8	0.846 1	0.848 5	0.850 8	0.853 1	0.855 4	0.857 7	0.859 9	0.862 1
1.1	0.864 3	0.866 5	0.858 6	0.870 8	0.872 9	0.874 9	0.877 0	0.879 0	0.881 0	0.883 0
1.2	0.884 9	0.886 9	0.888 8	0.890 7	0.892 5	0.894 4	0.896 2	0.898 0	0.899 7	0.901 5
1.3	0.903 2	0.904 9	0.906 6	0.908 2	0.909 9	0.911 5	0.913 1	0.914 7	0.916 2	0.917 7
1.4	0.919 9	0.920 7	0.922 2	0.923 6	0.925 1	0.926 5	0.927 8	0.929 2	0.930 6	0.931 9
1.5	0.933 2	0.934 5	0.935 7	0.937 0	0.938 2	0.939 4	0.940 6	0.941 8	0.942 9	0.944 1
1.6	0.945 2	0.946 3	0.947 4	0.948 4	0.949 5	0.950 5	0.951 5	0.952 5	0.953 5	0.954 5
1.7	0.955 4	0.956 4	0.957 3	0.958 2	0.959 1	0.959 9	0.960 8	0.961 6	0.962 5	0.953 3
1.8	0.964 1	0.964 9	0.965 6	0.966 4	0.967 1	0.967 8	0.968 6	0.969 3	0.969 9	0.970 6
1.9	0.971 3	0.971 9	0.972 6	0.973 2	0.973 8	0.974 4	0.975 0	0.975 6	0.976 1	0.976 7
2.0	0.977 2	0.977 8	0.978 3	0.978 8	0.979 3	0.979 8	0.980 3	0.980 8	0.981 2	0.981 7
2.1	0.982 1	0.982 6	0.983 0	0.983 4	0.983 8	0.984 2	0.984 6	0.985 0	0.985 4	0.985 7
2.2	0.986 1	0.986 4	0.986 8	0.987 1	0.987 5	0.987 8	0.988 1	0.988 4	0.988 7	0.989 0
2.3	0.989 3	0.989 6	0.989 8	0.990 1	0.990 4	0.990 6	0.990 9	0.991 1	0.991 3	0.991 6
2.4	0.991 8	0.992 0	0.992 2	0.992 5	0.992 7	0.992 9	0.993 1	0.993 2	0.993 4	0.993 6
2.5	0.993 8	0.994 0	0.994 1	0.994 3	0.994 5	0.994 6	0.994 8	0.994 9	0.995 1	0.995 2
2.6	0.995 3	0.995 5	0.995 5	0.995 7	0.995 9	0.996 0	0.996 1	0.996 2	0.996 3	0.996 4
2.7	0.996 5	0.996 6	0.996 7	0.996 8	0.996 9	0.997 0	0.997 1	0.997 2	0.997 3	0.997 4
2.8	0.997 4	0.997 5	0.997 6	0.997 7	0.997 7	0.997 8	0.997 9	0.997 9	0.998 0	0.998 1
2.9	0.998 1	0.998 2	0.998 2	0.998 3	0.998 4	0.998 4	0.998 5	0.998 5	0.998 6	0.998 6
3.0	0.998 7	0.998 7	0.998 7	0.998 8	0.998 8	0.998 9	0.998 9	0.998 9	0.999 0	0.999 0
3.1	0.999 0	0.999 1	0.999 1	0.999 1	0.999 2	0.999 2	0.999 2	0.999 2	0.999 3	0.999 3
3.2	0.999 3	0.999 3	0.999 4	0.999 4	0.999 4	0.999 4	0.999 5	0.999 5	0.999 5	0.999 5
3.3	0.999 5	0.999 5	0.999 5	0.999 6	0.999 6	0.999 6	0.999 6	0.999 6	0.999 6	0.999 7
3.4	0.999 7	0.999 7	0.999 7	0.999 7	0.999 7	0.999 7	0.999 7	0.999 7	0.999 7	0.999 8

B.2 卡方分布函数表

表 B-2 卡方分布函数表

$$P\{\chi^2(n) > \chi^2_a(n)\} = a$$

n	\multicolumn{9}{c}{a}								
	0.995	0.99	0.975	0.95	0.90	0.10	0.05	0.025	0.01	0.005
1	0.000	0.000	0.001	0.004	0.016	2.706	3.843	5.025	6.637	7.882
2	0.010	0.020	0.051	0.103	0.211	4.605	5.992	7.378	9.210	10.597
3	0.072	0.115	0.216	0.352	0.584	6.251	7.815	9.348	11.344	12.837
4	0.207	0.297	0.484	0.711	1.064	7.779	9.488	11.143	13.277	14.860
5	0.412	0.554	0.831	1.145	1.610	9.236	11.070	12.832	15.085	16.748
6	0.676	0.872	1.237	1.635	2.204	10.645	12.592	14.440	16.812	18.548
7	0.989	1.239	1.690	2.167	2.833	12.017	14.067	16.012	18.474	20.276
8	1.344	1.646	2.180	2.733	3.490	13.362	15.507	17.534	20.090	21.954
9	1.735	2.088	2.700	3.325	4.168	14.684	16.919	19.022	21.665	23.587
10	2.156	2.558	3.247	3.940	4.865	15.987	18.307	20.483	23.209	25.188
11	2.603	3.053	3.816	4.575	5.578	17.275	19.675	21.920	24.724	26.755
12	3.074	3.571	4.404	5.226	6.304	18.549	21.026	23.337	26.217	28.300
13	3.565	4.107	5.009	5.892	7.041	19.812	22.362	24.735	27.687	29.817
14	4.075	4.660	5.629	6.571	7.790	21.064	23.685	26.119	29.141	31.319
15	4.600	5.229	6.262	7.261	8.547	22.307	24.996	27.488	30.577	32.799
16	5.142	5.812	6.908	7.962	9.312	23.542	26.296	28.845	32.000	34.267
17	5.697	6.407	7.564	8.682	10.085	24.769	27.587	30.190	33.408	35.716
18	6.265	7.015	8.231	9.390	10.865	25.989	28.869	31.526	34.805	37.156
19	6.843	7.632	8.906	10.117	11.651	27.203	30.143	32.852	36.190	38.580
20	7.434	8.260	9.591	10.851	12.443	28.412	31.410	34.170	37.566	39.997
21	8.033	8.897	10.283	11.591	13.240	29.615	32.670	35.478	38.93	041.399
22	8.643	9.542	10.982	12.338	14.042	30.813	33.924	36.781	40.289	42.796
23	9.260	10.195	11.688	13.090	14.848	32.007	35.1172	38.075	41.637	44.179
24	9.886	10.856	12.401	13.848	15.659	33.196	36.415	39.364	42.980	45.558
25	10.519	11.524	13.120	14.611	16.473	34.382	37.652	40.646	44.314	46.925
26	11.160	12.198	13.844	15.379	17.292	35.563	38.885	41.923	45.642	48.290
27	11.807	12.878	14.573	16.151	18.114	36.741	40.113	43.194	46.962	49.612
28	12.461	13.565	15.308	16.928	18.939	37.916	41.337	44.461	48.278	50.993
29	13.120	14.256	16.147	17.708	19.768	39.087	42.557	42.722	49.586	52.333
30	13.787	14.954	16.791	18.493	20.599	40.256	43.773	46.979	50.892	53.672
31	14.457	15.655	17.538	19.280	21.433	41.422	44.985	48.231	52.190	55.000
32	15.134	16.362	18.291	20.072	22.271	42.585	46.194	49.480	53.486	56.328
33	15.814	17.073	19.046	20.866	23.110	43.745	47.400	50.724	54.774	57.646

续表

n	α									
	0.995	0.99	0.975	0.95	0.90	0.10	0.05	0.025	0.01	0.005
34	16.501	17.789	19.806	21.664	23.952	44.903	48.602	51.966	56.061	58.964
35	17.119	18.508	20569	22.465	24.796	46.059	49.802	53.203	58.340	60.272
36	17.887	19.233	21.336	23.269	25.643	47.212	50.998	54.437	58.619	61.581
37	18.584	19.960	22.105	20.075	26.492	48.363	52.192	55.667	59.891	62.880
38	19.289	20.691	22.878	24.884	27.343	49.513	53.384	56.896	61.162	64.181
39	19.994	21.425	23.654	25.695	28.196	50.660	54.572	58.119	62.426	65.473
40	20.706	22.164	24.433	26.509	29.050	51.805	55.758	59.342	63.691	66.766

注:当 $n>40$ 时,$\chi_a^2(n)\approx\frac{1}{2}(z_a+\sqrt{2n-1})^2$。

B.3　K-S 检验的临界值表

表 B-3　K-S 检验的临界值表

$P(D_n>D_{n,a})=\alpha$

n	α					n	α				
	0.20	0.10	0.05	0.02	0.01		0.20	0.10	0.05	0.02	0.01
1	0.900 00	0.950 00	0.975 00	0.990 00	0.995 00	20	0.231 56	0.264 73	0.294 03	0.322 66	0.352 41
2	0.633 77	0.776 29	0.341 89	0.900 00	0.992 29	21	0.226 17	0.258 58	0.287 24	0.321 04	0.344 27
3	0.564 81	0.638 04	0.707 60	0.784 56	0.829 00	22	0.221 15	0.252 83	0.280 37	0.313 94	0.336 66
4	0.492 56	0.686 22	0.623 94	0.688 87	0.734 24	23	0.216 45	0.247 46	0.274 90	0.307 23	0.329 54
5	0.446 98	0.509 45	0.563 28	0.627 18	0.668 53	24	0.212 05	0.242 42	0.269 31	0.301 04	0.322 86
6	0.410 37	0.467 99	0.519 26	0.577 41	0.616 61	25	0.207 90	0.237 68	0.264 04	0.295 16	0.316 57
7	0.381 48	0.436 07	0.483 42	0.538 44	0.575 81	26	0.203 99	0.233 20	0.269 07	0.289 62	0.310 64
8	0.358 31	0.409 62	0.454 27	0.506 54	0.541 79	27	0.200 30	0.228 98	0.254 38	0.284 38	0.305 02
9	0.339 10	0.387 46	0.430 01	0.479 60	0.513 32	28	0.196 30	0.224 97	0.249 33	0.279 42	0.299 71
10	0.322 60	0.368 66	0.409 25	0.456 62	0.483 93	29	0.193 18	0.221 17	0.245 71	0.274 71	0.294 66
11	0.308 29	0.352 42	0.391 22	0.436 70	0.467 70	30	0.190 52	0.217 56	0.241 70	0.270 23	0.289 87
12	0.295 77	0.338 15	0.375 43	0.419 18	0.449 50	31	0.1873 2	0.214 12	0.237 88	0.265 96	0.286 30
13	0.234 70	0.325 49	0.361 43	0.403 62	0.432 47	32	0.184 45	0.210 85	0.234 24	0.261 89	0.280 94
14	0.274 81	0.314 17	0.348 90	0.389 70	0.417 62	33	0.181 71	0.207 71	0.230 76	0.258 01	0.276 71
15	0.295 83	0.303 97	0.337 60	0.377 13	0.401 20	34	0.179 09	0.204 72	0.227 43	0.254 29	0.272 79
16	0.257 78	0.294 72	0.327 33	0.365 71	0.392 01	35	0.176 59	0.201 85	0.224 25	0.250 73	0.268 96
17	0.250 39	0.286 27	0.317 96	0.355 28	0.380 86	36	0.174 18	0.199 10	0.221 19	0.247 32	0.265 32
18	0.243 60	0.278 51	0.309 36	0.345 69	0.370 62	37	0.171 88	0.196 46	0.218 26	0.244 04	0.261 80
19	0.237 35	0.271 36	0.301 43	0.336 35	0.361 17	38	0.169 66	0.193 92	0.215 44	0.240 89	0.258 43

n	α					n	α				
	0.20	0.10	0.05	0.02	0.01		0.20	0.10	0.05	0.02	0.01
39	0.167 53	0.191 48	0.212 73	0.237 86	0.255 13	50	0.148 40	0.169 59	0.188 41	0.210 68	0.223 04
40	0.165 47	0.189 13	0.210 12	0.234 94	0.252 05	55	0.141 61	0.161 86	0.179 81	0.201 07	0.215 74
41	0.163 49	0.186 87	0.207 60	0.232 13	0.249 04	60	0.135 73	0.155 11	0.172 31	0.192 67	0.206 73
42	0.161 58	0.184 68	0.205 17	0.229 41	0.246 13	65	0.130 52	0.149 13	0.165 67	0.185 25	0.198 77
43	0.159 74	0.182 57	0.202 83	0.220 79	0.243 32	70	0.125 86	0.148 81	0.159 75	0.178 33	0.191 67
44	0.157 96	0.180 53	0.200 56	0.224 26	0.240 60	75	0.124 67	0.139 01	0.154 42	0.172 68	0.185 23
45	0.156 23	0.178 56	0.198 37	0.221 81	0.237 98	80	0.117 87	0.134 67	0.149 60	0.167 28	0.179 49
46	0.154 57	0.176 65	0.196 25	0.219 44	0.235 44	85	0.114 42	0.130 72	0.145 20	0.162 36	0.174 21
47	0.152 95	0.174 81	0.194 20	0.217 15	0.232 98	90	0.111 25	0.127 09	0.141 17	0.157 80	0.169 33
48	0.151 39	0.173 02	0.192 21	0.214 93	0.230 59	95	0.108 33	0.123 75	0.137 46	0.153 71	0.164 93
49	0.149 87	0.171 23	0.190 28	0.212 77	0.228 28	100	0.105 63	0.120 67	0.134 03	0.149 87	0.160 81

B.4 CVM 检验的临界值表

表 B-4 CVM 检验的临界值表

$$P(C_N^2 > C_N^2(\alpha)) = \alpha$$

N	显著性水平 α				
	0.20	0.15	0.10	0.05	0.01
2	0.138	0.149	0.162	0.175	0.186
3	0.121	0.135	0.154	0.184	0.231
4	0.121	0.136	0.155	0.191	0.279
5	0.121	0.137	0.160	0.199	0.295
6	0.123	0.139	0.162	0.204	0.307
7	0.124	0.140	0.165	0.209	0.316
8	0.124	0.141	0.165	0.210	0.319
9	0.125	0.142	0.167	0.212	0.323
10	0.125	0.142	0.167	0.212	0.324
15	0.126	0.144	0.169	0.215	0.327
20	0.128	0.146	0.172	0.217	0.333
30	0.128	0.146	0.172	0.218	0.333
60	0.128	0.147	0.173	0.221	0.333
100	0.129	0.147	0.173	0.221	0.336

注:当 N>100 时,使用 N=100 的值。

B.5　正态分布总体未知参数的估计与检验

表 B-5　单个正态总体的参数估计

	条　件	统计量	置信区间
单个正态总体 $N(\mu,\sigma^2)$	σ^2 已知，μ 的置信区间	$Z=\dfrac{\overline{X}-\mu}{\sigma/\sqrt{n}}\sim N(0,1)$	$\left(\overline{X}\pm\dfrac{\sigma}{\sqrt{n}}Z_{\alpha/2}\right)$
	σ^2 未知，μ 的置信区间	$t=\dfrac{\overline{X}-\mu}{S/\sqrt{n}}\sim t(n-1)$	$\left(\overline{X}\pm\dfrac{S}{\sqrt{n}}t_{\alpha/2}(n-1)\right)$
	μ 已知，σ^2 的置信区间	$\chi^2=\dfrac{1}{\sigma^2}\sum\limits_{i=1}^{n}(X_i-\mu)^2\sim\chi^2(n)$	$\left(\dfrac{\sum\limits_{i=1}^{n}(X_i-\mu)^2}{\chi^2_{\alpha/2}(n)},\dfrac{\sum\limits_{i=1}^{n}(X_i-\mu)^2}{\chi^2_{1-\alpha/2}(n)}\right)$
	μ 未知，σ^2 的置信区间	$\chi^2=\dfrac{(n-1)S^2}{\sigma^2}\sim\chi^2(n-1)$	$\left(\dfrac{(n-1)S^2}{\chi^2_{\alpha/2}(n-1)},\dfrac{(n-1)S^2}{\chi^2_{1-\alpha/2}(n-1)}\right)$

表 B-6　两个相互独立正态总体的参数估计

	条　件	统计量	置信区间
两个正态总体 $X\sim N(\mu_1,\sigma_1^2)$ $Y\sim N(\mu_2,\sigma_2^2)$ X 与 Y 独立	σ_1^2 和 σ_2^2 已知，$\mu_1-\mu_2$ 的置信区间	$Z=\dfrac{\overline{X}-\overline{Y}-(\mu_1-\mu_2)}{\sqrt{\dfrac{\sigma_1^2}{n_1}+\dfrac{\sigma_2^2}{n_2}}}\sim$ $N(0,1)$	$\left(\overline{X}-\overline{Y}\pm Z_{\alpha/2}\sqrt{\dfrac{\sigma_1^2}{n_1}+\dfrac{\sigma_2^2}{n_2}}\right)$
	σ_1^2 和 σ_2^2 未知，$\mu_1-\mu_2$ 的置信区间（样本容量足够大）	$Z=\dfrac{\overline{X}-\overline{Y}-(\mu_1-\mu_2)}{\sqrt{\dfrac{S_1^2}{n_1}+\dfrac{S_2^2}{n_2}}}\sim$ $N(0,1)$	$\left(\overline{X}-\overline{Y}\pm Z_{\alpha/2}\sqrt{\dfrac{S_1^2}{n_1}+\dfrac{S_2^2}{n_2}}\right)$
	$\sigma_1^2=\sigma_1^2=\sigma^2$ 未知，$\mu_1-\mu_2$ 的置信区间	$t=\dfrac{\overline{X}-\overline{Y}-(\mu_1-\mu_2)}{S_w\sqrt{\dfrac{1}{n_1}+\dfrac{1}{n_2}}}\sim$ $t(n_1+n_2-2)$	$\left(\overline{X}-\overline{Y}\pm t_{\alpha/2}(n_1+n_2-2)\right.$ $\left.S_w\sqrt{\dfrac{1}{n_1}+\dfrac{1}{n_2}}\right)$
	$\mu_1\mu_2$ 未知，σ_1^2/σ_2^2 的置信区间	$F=\dfrac{S_1^2/S_2^2}{\sigma_1^2/\sigma_2^2}\sim$ $F(n_1-1,n_2-1)$	$\left(\dfrac{S_1^2}{S_2^2F_{\alpha/2}(n_1-1,n_2-1)},\right.$ $\left.\dfrac{S_1^2}{S_2^2F_{1-\alpha/2}(n_1-1,n_2-1)}\right)$

表 B-7　正态总体均值的假设检验

	原假设 H_0	检验统计量	H_0 为真时统计量的分布	备择假设 H_1	拒绝域
单个正态总体 $X \sim N(\mu, \sigma^2)$	$\mu = \mu_0$ (σ^2 已知)	$z = \dfrac{\bar{x} - \mu_0}{\sigma/\sqrt{n}}$	$N(0,1)$	$\mu > \mu_0$ $\mu < \mu_0$ $\mu \neq \mu_0$	$z \geqslant z_a$ $z \leqslant -z_a$ $\|z\| \geqslant z_{a/2}$
	$\mu = \mu_0$ (σ^2 未知)	$T = \dfrac{\bar{x} - \mu_0}{s/\sqrt{n}}$	$t(n-1)$	$\mu > \mu_0$ $\mu < \mu_0$ $\mu \neq \mu_0$	$t \geqslant t_a(n-1)$ $t \leqslant -t_a(n-1)$ $\|t\| \geqslant t_{a/2}(n-1)$
两个正态总体 $X \sim N(\mu_1, \sigma_1^2)$ $Y \sim N(\mu_2, \sigma_2^2)$	$\mu_1 - \mu_2 = \delta$ (σ_1^2, σ_2^2 已知)	$Z = \dfrac{\bar{x} - \bar{y} - \delta}{\sqrt{\dfrac{\sigma_1^2}{n_1} + \dfrac{\sigma_2^2}{n_2}}}$	$N(0,1)$	$\mu_1 - \mu_2 > \delta$ $\mu_1 - \mu_2 < \delta$ $\mu_1 - \mu_2 \neq \delta$	$z \geqslant z_a$ $z \leqslant -z_a$ $\|z\| \geqslant z_{a/2}$
	$\mu_1 - \mu_2 = \delta$ ($\sigma_1^2 = \sigma_2^2 = \sigma^2$ 且 σ^2 未知)	$T = \dfrac{\bar{x} - \bar{y} - \delta}{s_w \sqrt{\dfrac{1}{n_1} + \dfrac{1}{n_2}}}$	$t(n_1 + n_2 - 2)$	$\mu_1 - \mu_2 > \delta$ $\mu_1 - \mu_2 < \delta$ $\mu_1 - \mu_2 \neq \delta$	$t \geqslant t_a(n_1 + n_2 - 2)$ $t \leqslant -t_a(n_1 + n_2 - 2)$ $\|t\| \geqslant t_{a/2}(n_1 + n_2 - 2)$

表 B-8　正态总体方差的假设检验

	原假设 H_0	检验统计量	H_0 为真时统计量的分布	备择假设 H_1	拒绝域
单个正态总体 $N(\mu, \sigma^2)$	$\sigma^2 = \sigma_0^2$ (μ 未知)	$\chi^2 = \dfrac{(n-1)s^2}{\sigma_0^2}$	$\chi^2(n-1)$	$\sigma^2 > \sigma_0^2$ $\sigma^2 < \sigma_0^2$ $\sigma^2 \neq \sigma_0^2$	$\chi^2 \geqslant \chi_a^2(n-1)$ $\chi^2 \leqslant \chi_{1-a}^2(n-1)$ $\chi^2 \geqslant \chi_{a/2}^2(n-1)$ 或 $\chi^2 \leqslant \chi_{1-a/2}^2(n-1)$
两个正态总体 $N(\mu_1, \sigma_1^2)$ $N(\mu_2, \sigma_2^2)$ X 与 Y 独立	$\sigma_1^2 = \sigma_2^2$ (μ_1, μ_2 未知)	$F = \dfrac{s_1^2}{s_2^2}$	$F(n_1 - 1, n_2 - 1)$	$\sigma_1^2 > \sigma_2^2$ $\sigma_1^2 < \sigma_2^2$ $\sigma_1^2 \neq \sigma_2^2$	$F \geqslant F_a(n_1 - 1, n_2 - 1)$ $F \leqslant F_{1-a}(n_1 - 1, n_2 - 1)$ $F \geqslant F_{a/2}(n_1 - 1, n_2 - 1)$ 或 $F \leqslant F_{1-a/2}(n_1 - 1, n_2 - 1)$

参 考 文 献

[1] 宋述芳，吕震宙，王燕萍. 可靠性工程基础[M]. 西安：西北工业大学出版社，2018.

[2] 王金武. 可靠性工程基础[M]. 北京：科学出版社，2013.

[3] 宋笔锋. 飞行器可靠性工程[M]. 西安：西北工业大学出版社，2006.

[4] 孙青，庄奕琪，王锡吉. 电子元器件可靠性工程[M]. 北京：电子工业出版社，2002.

[5] 王蕴辉，于宗光，孙再吉. 电子元器件可靠性设计[M]. 北京：科学出版社，2007.

[6] 徐仁佐. 软件可靠性工程[M]. 北京：清华大学出版社，2007.

[7] 阮镰，陆民燕，韩峰岩. 装备软件质量和可靠性管理[M]. 北京：国防工业出版社，2006.

[8] 黄锡滋. 软件可靠性、安全性与质量保证[M]. 北京：电子工业出版社，2002.

[9] 张志华. 可靠性理论及工程应用[M]. 北京：科学出版社，2011.

[10] 邓琼. 安全系统工程[M]. 西安：西北工业大学出版社，2009.

[11] 赵涛，林青. 可靠性工程基础[M]. 天津：天津大学出版社，1999.

[12] 王文静. 可靠性工程基础[M]. 北京：北京交通大学出版社，2013.

[13] 张晓南，卢晓勇，杨俊峰，等. 军用工程机械可靠性设计理论与方法[M]. 北京：国防工业出版社，2014.

[14] 蒋平，邢云燕，程文科，等. 可靠性工程概述[M]. 北京：国防工业出版社，2015.

[15] 汪修慈. 可靠性管理[M]. 北京：电子工业出版社，2015.

[16] 程五一，王贵和，吕建国. 系统可靠性理论[M]. 北京：中国建筑工业出版社，2010.